Gerd H. Meyden (Hg.)

FRIEDRICH VON GAGERN

Die besten Erzählungen

Mit 10 Skizzen des Schriftstellers

Leopold Stocker Verlag
Graz – Stuttgart

Umschlaggestaltung: DSR – Werbeagentur Rypka, A-8143 Dobl/Graz, www.rypka.at

Bibliographische Information der Deutschen Nationalbibliothek
Die Deutsche Nationalbibliothek verzeichnet diese Publikation in der Deutschen Nationalbibliographie; detaillierte bibliographische Daten sind im Internet unter http://dnb.d-nb.de abrufbar.

Hinweis
Dieses Buch wurde auf chlorfrei gebleichtem Papier gedruckt. Die zum Schutz vor Verschmutzung verwendete Einschweißfolie ist aus Polyethylen chlor- und schwefelfrei hergestellt. Diese umweltfreundliche Folie verhält sich grundwasserneutral, ist voll recyclingfähig und verbrennt in Müllverbrennungsanlagen völlig ungiftig.

Auf Wunsch senden wir Ihnen gerne kostenlos unser Verlagsverzeichnis zu:

Leopold Stocker Verlag GmbH
Hofgasse 5 / Postfach 438
A-8011 Graz
Tel.: +43 (0)316/82 16 36
Fax: +43 (0)316/83 56 12
E-Mail: stocker-verlag@stocker-verlag.com

Weiter Informationen finden Sie im Internet unter:
www.stocker-verlag.com

ISBN 978-3-7020-1724-8

Layout: Ecotext-Verlag Mag. G. Schneeweiß-Arnoldstein, A-1010 Wien
Druck: Christian Theiss GmbH, A-9431 St. Stefan im Lavanttal
Printed in Austria

Inhalt

Friedrich v. Gagern.

Vorwort

Friedrich Freiherr von Gagern (1882–1947) ist der Inbegriff der klassischen, erzählenden Jagdliteratur. Viele Jagdschriftsteller hat er mit seiner wunderbaren, wortschöpfenden Sprache inspiriert. Beim Lesen ihrer Werke wird Gagerns Geist deutlich erkennbar. Wortwahl und Stil lassen vor dem geistigen Auge des Lesers Bilder von geradezu greifbarer, farbiger Wirklichkeit entstehen und machen uns den Reichtum der deutschen Sprache bewusst. Gagern zu lesen ist ein Genuss im Vergleich mit manchen nüchternen „Berichten“ sich modern gebender Literatur. Was der Jäger neben der Jagdbeute sucht, ist die Stimmung, das Erleben in und mit der Natur. Gagern zaubert Stimmung! Das wird den Leser unendlich bereichern.

Während bei Cramer-Klett – nur um den anderen wahrhaft großen Vertreter der Jagdliteratur zu nennen – Hirsch, Gams, Rehbock, Hahn und Fuchs gleichen Raum einnehmen, steht bei Gagern der Rehbock im Mittelpunkt seiner Erzählungen. Doch, man staunt, auch den Krähen, den verfemten, respektlos Aaskrähen genannten, zollt er im Kapitel „Nur Krähen“ seine Achtung.

Zu meinem achtzehnten Geburtstag bekam ich Gagerns „Der Jäger und sein Schatten“. Seitdem haben mich seine Werke, auch die weniger jagdlichen, begleitet. Selbst beim Ansitz ist – um es mit Gagerns Worten zu sagen – oftmals ein Buch von ihm im „Schnerfer“. Dem Leser wird bei Gagerns Erzählungen bewusst werden, was in unserer hektischen Zeit verloren gegangen ist. Diese Erkenntnis kann helfen, zu sich selber, zu eigenem, tieferem Erleben zu finden.

Seine Ein- und Ansichten sind so aktuell wie eh und je und sind in Manchem sogar unserer Zeit voraus. Sie haben mein jägerisches Handeln beeinflusst. Gagern hat, wie jeder kritische Mensch, Wandlungen in seinem Tun vollzogen. Mit dem Wild, das er bejagte, hat er mitgefühlt und dabei sein Tun prüfend hinterfragt. Dies ist für uns heutige Jäger ein wichtiges Vermächtnis. Gleiches zu tun ist für uns eine Verpflichtung.

Mit den Jahren ist Gagern bewusst geworden, dass die Jagd in der Brunftzeit seiner Auffassung von Weidgerechtigkeit und seinem Respekt vor der Kreatur nicht standhält. In einigen unserer Nachbarländer ruht die Jagd während der Paarungszeit. Es sind nicht die schlechtesten Jäger, die ein solches Gesetz befürwortet haben. Die Abkehr von der Blattjagd hat ihm viel Kritik eingebracht. Man argumentierte gegen ihn, er hätte sich vorher satt geschossen.

Was hindert einen Menschen, seinen Standpunkt zu korrigieren? Auf jeden Fall sollte seine Ansicht zum Nachdenken anregen, nach dem Motto: „Jäger, was tust du da?" Damit würde seine Botschaft auf fruchtbaren Boden fallen. Denn der Boden der Weidgerechtigkeit ist nichts anderes als Fairness und Respekt gegenüber dem Mitgeschöpf.

Gerd H. Meyden
Herausgeber

Forstinning, im Jänner 2018

Gagerns Sprache

Die Erzählungen in diesem Buch wurden der „Grünen Trilogie“ entnommen, dem bekanntesten jagdlichen Werk Friedrich von Gagerns, von dem unzählige Auflagen gedruckt und zigtausende Bücher verkauft wurden.

Diese Trilogie besteht aus den Bänden „Birschen & Böcke“, „Der Jäger und sein Schatten“ und „Die Grüne Chronik“, diese wiederum enthält „Stunde und Stimmung“ (Der grünen Chronik erster Teil) und „Tage nach meinem Herzen“ (Der grünen Chronik zweiter Teil).

Gerd H. Meyden, der Herausgeber dieses Sammelbandes, hat Gagerns beste Geschichten aus dessen Heimat, den krainischen Uskoken und seinen Jagderlebnissen in polnischen Revieren ausgewählt.

Die ausgewählten Texte wurden unverändert aus den jeweiligen alten Büchern übernommen. Deshalb möchten wir Ihnen am Ende des Buches ab Seite 175 einige früher gebräuchliche Begriffe, die heute wahrscheinlich vielen nicht mehr geläufig sind, „übersetzen“ bzw. erklären.

Bei den Texten von Friedrich von Gagern wurde ganz bewusst die alte Rechtschreibung beibehalten. Einige wenige offensichtliche Druckfehler hatten sich in den Büchern, die als Vorlage dienten, eingeschlichen. Diese haben wir korrigiert.

Friedrich von Gagern lebte bis zu seinem Tod in Geigenberg (Marktgemeinde St. Leonhard am Forst). Dort befindet sich zu Ehren des berühmten Schriftstellers ein Gedenkstein.

Foto: Marktgemeinde St. Leonhard a. Forst/Anton Emsenhuber

Auszüge aus:

Friedrich von Gagern

Birschen und Böcke

(Hubertus-Verlag, Paul Schettlers Erben A.-G.,
Cöthen-Anhalt, o. J.)

1.
Aus den Heimatbergen.

Als kleiner Junge schon, da ich den Knall der väterlichen und brüderlichen Flinten mehr fürchtete als liebte, hatte ich ein heißes Interesse für die Rehkronen, deren Gruppen erst die schöne steinerne Vorhalle des Speisesaales verzierten, dann aber aus irgendwelchen ästhetischen Gründen nach einer bescheidenen Diele des Obergeschosses verbannt wurden.

Gerade hier, in dieser schmalen, stillen, dämmerigen Diele, abseits vom Spott der Großen, von den Verkehrsstraßen des Schlosses, vom Kommen und Gehen störender Gäste, gerade hier lernte ich das krause Rehgehörn lieben, verstehen, schauen, unterscheiden, lange noch bevor ich einen leibhaftigen toten, und weit, weit länger, bevor ich einen leibhaft lebendigen Bock gesehen.

Es muß im Blute liegen.

Lesen und schreiben, diese beiden gefährlichen Schwarzkünste, waren mir schon von der alten Fanny, dem unvergeßlichen treuen Drachen, mit der ihr eigenen Gründlichkeit früh beigebracht worden. Mit vier Jahren eröffnete ich bereits einen bleistiftnen, vorliniierten Briefwechsel mit meiner eben verreisten Mutter; mit sechs Jahren las ich schon in der schweinsledernen Chronik des Freiherrn von Valvasor[1] und in irgendeinem Bande des prachtvollen Spamerschen „Buches der Erfindungen", das mir die strenge Großmutter aus der Bibliothek meines weiland Großvaters darlieh und das mir schon darum lieb, unvergeßlich und unentbehrlich geblieben ist.

Aber mehr noch als Webstuhl und Austernfischerei, Dampfmaschine und Salzbergbau, mehr noch als die entzückenden Burgerschen Titelholzschnitte jener ehrwürdigen

1 Historiker und Ethnograph

schwarzen Kalikobände[2] hatten es mir die Rehkronen in der verschwiegenen Diele angetan.

Da stand ich stundenlang und schaute, verglich und betrachtete, wählte und fabelte mir dazu schöne Jagdgeschichten aus, und Fanny mit fuchtelndem Strickzeug hielt über meinen Privatstudien treue Wacht.

So wenig dienlich die allgemeine Aufklärung dem Weltfrieden und reibungslosen Ablauf der Weltgeschichte, in unserem Falle erwies sich die gewonnene Kunde als wertvoll.

So konnte ich mühelos die Inskriptionen auf den bald spitz, bald halbrund zugeschnittenen Schädelplatten entziffern und daraus meine Schlüsse ziehen.

Das häßliche gelbe Gehörn da unten hatte der verhaßte Onkel August erbeutet; es sah ihm ähnlich und schielte gleich ihm nach außen.

Jenes geringe zierliche Stangenpaar stammte von Papas erstem Bock; wer es verunglimpfte, dem hätte ich die Augen ausgekratzt.

Der starke Gabler dort war von „Vater" Felkel geschossen worden, dem alten schlesischen Ruhestandshauptmann, der uns pünktlich an jedem Sonntage besuchte und mit seinen starken Brauen und struppigem Pintscherbart genau wie ein Stiefmütterchen aussah.

Hier, der regelmäßige hellbraune Sechser trug den Namen des interessanten „Onkels" Alfons, der mit Kaiser Max in Mexiko gewesen, eine hawaiische Prinzessin vorübergehend geheiratet, den Popocatepetl[3] erstiegen, die prachtvolle Schmetterlingssammlung mitgebracht, dreimal durch Taifune und Monsune die Welt umsegelt und noch viele andere unglaubliche Dinge erlebt.

Aber die weitaus stärksten, von Perlen und Rosenkrausen starrenden Kronen – oder wie man in Österreich so anschaulich sagt „G'wichteln" oder gar „Krickeln" – die weitaus anziehendsten Prachtstücke der kleinen Sammlung wiesen

2 Halbleineneinbände
3 Berg in Mexiko

auf ihren, sämtlich von Hand meiner Mutter beschriebenen Schädelplatten durchgehends zwei Namen von geradezu magischem Klang: Michael Holzer und Johann Jelinek.

Ich glaube, keine Kinderseele ist je von Chingachgooks[4] und Winnetous unsterblichen Taten tiefer erregt worden als die meine durch das fast sagenhafte Dasein jener beiden Recken, die vor Siegfried und Hagen, Old Shatterhand und Firehand den unbestreitbaren Vorzug hatten, daß sie wirklich existierten, wirklich lebten und von Zeit zu Zeit sogar sichtbar wurden.

Von dem einen, von Johann Jelinek, der fern hinter Bergen und Märchenwäldern in entrückter Wildnis wohnte, von ihm hieß es, er habe in seinem Leben weit mehr als hundert Böcke geschossen; der andere, Michael Holzer aus dem steirischen Oberland, ein Weltmeister in der Kunst des Schweigens, versah eigentlich das Amt eines Schloßjägers, tauchte aber nur selten in der menschlichen Gesellschaft der breitwölbigen Küche auf, um dort einen ganz unwahrscheinlichen Kapitalen abzuladen, sich für hundert Stunden satt zu essen und dann wieder auf Tage und Wochen in der Einsamkeit zu verschwinden.

Die kapitalen Holzer-„Krickeln“ wurden sogar bei den Erwachsenen, bei Vater und Mutter, beim Gesinde, bei der Jägerei sprichwörtlich. Man mochte an Zauberei glauben, dieser wortkarge alte Micherl mit seinem struppigen Griffongesicht und seiner nicht einmal gezogenen einläufigen Vorderladerbüchse holte aus dem Revier wahre Urböcke heraus, von deren Dasein kein Förster das geringste ahnte. Und doch war das Verfahren des Meisters sehr einfach. Er setzte sich simpel ins Wurzelgestühl einer unserer riesigen Hochwaldbuchen, ließ die Ewigkeit an sich vorüberstreichen und wartete, bis in ihrem Verlauf ein recht starker Hauptbock in recht geringer Entfernung des Wechsels einherzog. Dem zirkelte er dann schön langsam die dicke

---

4 Indianerhäuptling

Rundkugel aufs Blatt, und wenn er ihn schön langsam nach Hause getragen und sich schön stad auf neue hundert Stunden sattgegessen, fing ers schön gemächlich an anderem Revierort mit gleichem schön ruhigem Weidewerk an.

Auf diese Weise „derhockte“ er sommerüber, von Anfang Mai bis nach Sonnwend, seine drei, vier Kapitalen, lauter richtige buchstäbliche Uriane. Denn darunter tat ers einmal nicht, alles nur „stark jagdbare“ war für ihn schon nur mehr „so a Böckerl“. Trug ja einmal einer der von ihm „derhockten“ Böcke statt perlenstarrender Kronenwucht nur ein schlichtes stockiges Gehörn, so wars sicher ein steinalter, vierzehn- bis fünfzehnjähriger Eingänger, einer von Micherl Holzers eigener Art und Faser.

Später, in den Hundstagen, ruhte die Jagd auf den Rehbock. Mein Großvater, weidgerecht nicht „bis in die Knochen“, sondern bis ins innerste Herz hinein, duldete es nicht, daß das Wild in seiner hohen Zeit durch Schuß und Schlich beunruhigt, daß es in seinen heiligsten und natürlichsten Daseinsrechten gestört, gekränkt, getrogen werde. Die Früchte dieser vornehmen, reinen gesunden Gesinnung, zu der sich im heutigen, auf dem Papier so überaus weidgerechten Deutschland niemand bekehren und bekennen will, liefen damals springlebendig im Walde herum. So war es für den geduldigen Michael Holzer leicht, ohne Feldstecher und Rasanz auf fünfundzwanzig Schritte nie wiederkehrende Kapitalböcke zu schießen.

Als Schatten nur zog die gebeugte Gestalt dieses sagenhaften alten Jägers durch die Dämmerung meiner frühen Kindheit. Eines Tages klagte Micherl meiner Mutter, es sei ihm gar nicht „recht extra“, er habe bloß sieben Knödel essen können statt der sonst üblichen zwölf; den Rest trug er vorsichtig in grünes Papier gewickelt nach seinem Bau, ihn als Zehrung in der Weidtasche zu verwahren. Er kam nicht mehr dazu, sich seiner drauß in maigoldgrüner Waldeinsamkeit zu erfreuen. Am nächsten Tage kränkelte er ernstlich und mit äußerstem Aufgebot verfallender Kräfte zwang er noch drei von seinen fünf letzten Daseinsknödeln. Am dritten Tage war er richtig tot, und die Füchse, denen er mit geheimnisvoller Kirrung und dem Schwanenhals – andere Fallen würdigte er keines Blickes – viel Gram zugefügt, feierten ein großes Fest.

Die urigen Gehörne an der Wand haben sein Gedächtnis der staunenden Nachwelt aufbewahrt. Ich selbst, der ich sie am meisten geliebt und bewundert, besitze ihrer leider kein einziges Stück. Ein Teil der schönen Sammlung wurde das Opfer einer Provinzial-Ausstellung, der Rest erlitt ein noch viel häßlicheres Schicksal. –

Einmal, ein einzigesmal solch einen Knorrenbock selbst erbeuten: das war mein brennendster Wunsch, als ich erst soweit gelangt, eine eigene hübsche Vogelflinte führen und unter den Eichkatern und Eichelhähern des ausgedehnten Parkes, mehr aber noch unter den daselbst verdaulich promenierenden Tanten Schrecken und Schrot verbreiten zu dürfen.

Er wurde mir erfüllt; nicht sobald, denn mit vierzehn und sechzehn Jahren hat man seinen Cäsar und Herodot zu reiten und auf Vokabeln und Mantissen[5] eifrig Jagd zu machen, ein mühseliges aber schließlich doch lohnendes Weidewerk, an das man nach überstandener Gefahr gerne zurückdenkt. Aus der Nähe besehen hat es freilich nicht annähernd soviel Reiz wie die freie Birsch auf blutlebendiges Wildgetier, und sei's auf den balzenden Ringeltauber oder die schlaue Nebelkrähe, an welchen Meistern der Wachsamkeit ich mich zeitig zu künftigen Großtaten vorgeschult.

Aber noch einen anderen nützlichen Kursus hatte ich bereits mit Erfolg absolviert, lange bevor ich in die tiefsten Geheimnisse der Weidkunst eindrang.

Meine Mutter, die eigentliche Herrin über ihr angestammtes, an 8000 Morgen großes Erbgut und das gewaltige,

---

5 mathematischer Begriff

an 25.000 Morgen deckende Doppelrevier, meine Mutter war in allen Dingen eine überragend vernünftige Frau.

Als ich in den Entwicklungsjahren wie ein Spargel aufschoß und über – natürlich höchst willkommenen – Wunsch des Arztes tithemi, histemi[6], Binome und Wurzeln, Oratio obliqua und Consecutio temporum[7] auf volle zwei Semester gründlich vernachlässigen, dafür aber reichlich freifrische Luft in leichter Bewegung genießen sollte, geriet ich von selbst darauf, meine schon früh angeknüpften Beziehungen zu Pferd und Sattel zu festigen und autodidaktisch auszubilden. Der gewandte und sichere, dafür freilich bisweilen recht schalkhaft launische Türkenpony „Ali" wurde mein Studientier, wurde mein Freund und Vertrauter; auf seinem harten Rücken wagte ich immer weitere Ritte in unbekannte Waldwildnisse, in Gräben und Täler, in Schluchten und Berge, und so entdeckte ich mit der Zeit Mutters ganzes, für meine geographischen Vorstellungen ungeheuer ausgedehntes Reich.

Allein damit wars nicht getan. Die kluge Frau hatte etwas vom Geiste jener Renaissancefürsten, die ihre Seefahrer nicht etwa auf eitle Abenteuer, sondern auf nützlichen Ländererwerb aussandten. Ich erhielt ehrenvolle Aufträge: hier vom Fortgang der Kulturarbeit, dort vom Wege- und Rießenbau mich zu überzeugen, weltentlegene Kohlenmeiler aufzusuchen und dem schwarzen Einsiedel zu bestellen, er habe an Schmiede- und Plättkohle ehstens je zwölf Sack der Herrschaft bereitzumachen, eine Durchforstung zu beaugenscheinigen, im trockenen Frühling Feuerwacht zu üben, und – die Hauptaufgabe – über alles Gesehene, Berittene, Beobachtete, Entdeckte nicht nur mit Worten, sondern vor allem mit – topographischen Aufnahmen, mit eigengezeichneten Kartenskizzen zu berichten. Noch besitze ich jene denkwürdigen Blätter, die ich als dreizehnjähriger Waldbereiter da und dort auf einsamen Höhen überm

6 tithemi, histemi: griechische Konjugationen
7 Lateinregeln

Knopf leisknarrenden Sattels buchstäblich aus dem Stegreif entworfen, oberflächliche, ganz rohe, aber in der Hauptsache doch deutliche Croquis[8], die zwar einem Generalstäbler nicht zur Ehre gereicht hätten, dafür aber stets das Lob meines höchsten Vorgesetzten und Generalstabschefs, meiner Mutter ernteten. Und das – war wichtiger; diese überragende Frau verstand von den meisten wesentlichen Dingen mehr als eine Armee von Männern.

So lernte ich Gut und Revier, lernte ich die heimischen Waldberge in ihrer verwirrenden Zerklüftung, lernte ich die Landschaft in ihren Umrissen und Einzelzügen gründlich kennen, und als ich später dann nach laudabiliter[9] bestandenem Abitur mit eigener ernstlicher Büchse und Mordgelüst im Herzen jene Schluchten und Schläge, Hänge und Halden durchstreifen durfte, waren mir Pfad und Steg, Schlupf und Schlich längst so vertraut, daß ich führender Begleitung leicht und gerne entriet. Wo Böcke standen, das wußte ich im allgemeinen selbst aus früheren Begegnungen und Erzählungen, und rasch gewonnene Erfahrung verengte den Kreis auf jenen Punkt, in dem Jäger, Waffe und Wild sich aller menschlichen Berechnung nach zusammenfinden mußten. Man brauchte schließlich nur offenen Auges durch die Wälder zu gehen und nach frisch angefegten Stämmchen und Schlagmalen zu sehen; gewöhnlich fanden sich diese hochwillkommenen Zeichen an den alten, jahrein jahraus beibehaltenen Hauptwechseln, und machte man's wie weiland Michael Holzer und setzte sich hier irgendwo ins Wurzelgestühl solch feierlicher grüngoldrauschender Dombuche, und hatte nur ein klein wenig Geduld in Herz und Leder, das Rohr blieb gewiß nicht siebzehn Sommertagsstunden blank.

Die Büchse, die ich damals führte, mein erstes Pürschgewaffen, war ein Geschenk meines nächstälteren Bruders Hans, der das schlichte treue Gewehr zwei Jahre lang ge-

8 Skizzen
9 mit Auszeichnung

führt und dann gegen ein moderneres vertauscht hatte. Er wußte nicht, was er aus der Hand gegeben; ein Schießeisen, das mit seiner ernsten Verläßlichkeit alle Metersekunden und -kilogramme, alle Stahlmäntel und Hochrasanzen, allen Tod und Teufel der ganzen Ballistik reichlich aufwog. Heute ist diese Art von Waffen, ist die alte Büchsflinte durch den Allerweltsdrilling und die bestechendere, geschmeidigere Bockbüchsflinte verdrängt, im Aussterben begriffen; mit Unrecht, wie ich als leidlich guter Kenner hinzufügen will. Es ist überhaupt ein Zug der deutschen Industrie und ihrer Menschheit, das Gute, Erprobte, Dauerhafte durch das Gefällige aber minder Gediegene zu ersetzen; leider sehr natürlich, denn von zwei Dingen lebt die Industrie vor allem, von starkem Verbrauch und von fortwährender Verführung. Verführerisch sah jene ehrenhafte schwere Büchsflinte freilich nicht aus; das grobe Kaliber – elfkommazwei – der einfache aber unverwüstlich zähe Nußverschluß, die schlichte Ausstattung, die Hahnschlosse, der glückliche Mangel jeglicher Schikanen! ... Ja sogar nur ein Standvisier, nicht einmal eine Visierklappe hatte sie, aber über dieses Standvisier und das schmale Stahlkorn schoß der dicke Kapfenberger Stahllauf, nachdem ich erst einmal hinter die ihm zusagende Ladung und sein Paßgeschoß gekommen, über hundertzwanzig Schritte elf vom Dutzend der lötigen Bleistümpfe in das Rund einer Innenhand. Was braucht der Mensch mehr zum Leben, der Bock mehr zum Sterben?

Aber: schießen ist leichter gelernt als treffen, treffen leichter als weidewerken, und weidewerken heißt alles in allem: sich beherrschen.

Die hohe Ballistik, eine schöne, weil gleichnisvolle Wissenschaft, spricht von Zielfehlern und Fehlerquellen. Für Zielfehler sorgt schon der jägerische Alltag mit seinen Dämmerungen und Blendungen, Winkeln und wechselnden Fernen. Der Fehlerquellen aber sprudeln unzählbar viele aus den Tiefen des Lebens, und je jünger und föhniger der Frühling, desto ungestümer pocht das drunten in den Pulsen der eigenen dunklen Unterwelt.

Doch das sind schöne Umschreibungen einer sehr naheliegenden Tatsache. Die Böcke, die ich schoß, waren mitunter ganz andere als die gemeinten, im goldgrünen Bergrevier, in den asphaltnen Städten, in den Hochwäldern der Heimat, in den Urwäldern der Liebe, auf den Höhen, in den Schluchten, in den fieberschwülen Niederungen des Lebens selbst. Tell ist ein reifer Mann, ein Meister; ein zwanzigjähriges Herz aber tritt gar oft in Hand und Auge, und bisweilen treten noch ganz andere Dämonen des inwendigen Geisterreiches ins Herz und durch dieses – leider in den Verstand. Weib und Wild, Werk und Wille, Wunsch und Wahn: das ist der große immerwiederkehrende Stabreim des ewigen Nibelungenliedes der Menschheit.

Allein auch das sind immer noch klingende Umschreibungen jener einen höchst naheliegenden Tatsache. Ich traf nicht immer, ich traf sogar recht selten, ich fehlte zuweilen, ich fehlte sehr oft. In jenen Zeiten war es äußerst unsicher in unserem Revier. Kugeln flogen über Grate und Horizonte, und diese Kugeln waren die meinen. Nur die Böcke selbst waren gegen Unfall mit hoher Wahrscheinlichkeit versichert. Es will schließlich alles gelernt sein, und gerade unsere Waldberge in ihrer steilen Vielzerklüftung stellten Aufgaben, deren Lösung sehr vielen Weidmännern nie, den meisten aber noch wesentlich später gelingen würde. Wem die feigen Gewaltmittel des Zielfernrohrs und der Hochrasanz-Weitschußpatrone nicht zur Verfügung standen, wer sich mit seiner schlichten treuen Büchsflinte auf bürgerliche Entfernungen von siebzig bis allerhöchst hundertfünfzig Schritten einrichten mußte und die philosophische Himmelsgeduld eines Holzer noch nicht besaß, dem blieb nichts anderes übrig als zu birschen, sich anzubirschen – was man in jenem Gelände so birschen und sich anbirschen nennt …

Weit überm Graben im jenseitigen Laubschlage der Bock; kein Steig, der da in sanftem Zuge die schützenden Buchten und Falten des Hanges hinan in Schußbereich führte; nicht die geringste Aussicht, daß der mit den Hörnern dem mit der Büchse zuliebe herabwechselte und sich drüben etwa bei jenen drei Ahornbüschen schön breit als rote Scheibe ins Frühlingsgrün hinstellte. So mußten eben die Beine in die Hand, noch buchstäblicher: die Knie unters Kinn genommen werden, so mußte man's eben auf gut oberbayrisch „anpacken".

Aber weiß Gott, solch oberbayrischer Almhirsch oder Hakler ist bei aller absoluten Meereshöhe immer noch weit leichter „anzupacken" als so ein lausiger Uskokenbock in seinem brombeerversponnenen Bergdschungel. War man glücklich und schweißüberbrüht in einer fünfundvierziggrädigen „Reißen" hochgeklettert, dann sah man im überhügelnden Strupp von Dorngerank, Fichtenjugend, Altgras und Stocklohden erst recht nichts. Und sah man etwas, so war's gewiß die Ricke, die einen langhals anstarrte und die ganze Gegend verschmälte; und sah man wirklich den Bock, so war's sein abspringender Spiegel mit einem Mordsgehörn in der Hintendraufsicht, wo bekanntlich die dicksten Perlen sitzen; und sah man ihn ja einmal wirklich wie man ihn brauchte, dann hatte das weiter auch keine schlimmen Folgen, denn zwei Herzen auf einmal schlugen in den Büchslauf hinein, das hämmernde anatomische und das nicht minder rumpelnde jägerseelische, das Blut sang vielstimmig in den Ohren, Visier und Korn flimmerten im Schweißdunst durcheinander – und das Ergebnis war eine wunderschön ungestörte Flugbahn über sieben Berge ins heiße Morgensommerblau hinaus, und der gänzlich illusorische Vorsatz, es ein nächstes Mal besser zu machen …

In solcher Schule wurde ich aus mir selbst heraus zum Jäger. Ich will nicht hochmütig sein, aber es ist meine Meinung, daß nur das in schwerem Bemühen Eigen-Erfahrene wirklich sitzt und nützt. Ich habe später viele sogenannte Weidgerechte geschaut, die sich mit Futteralen und Riemen sehr hübsch zu behängen wußten und die schöne grüne Sprache tadellos maulhabten, aber selbst im gepflegten bequemen Kulturrevier der Niederung brauchten sie einen Kindermann, der für sie bestätigte, sah, vernahm, roch, alle Sinne und Organe in Bewegung setzte, beinahe auch zielte und schoß. Unsereinem vom Berge – nicht etwa ausgerechnet nur mir allein – wäre es ein Leichtes gewesen, solch bißchen Kiefernwald mit Feld und Heide binnen wenigen Wochen bis auf die letzte Schale auszupowern. –

Hie und da glückte es doch, die Gesetzmäßigkeit jenes Verlaufes zu umgehen, und dann genoß man neben der Beute das Bewußtsein, bei allem hilfreichen Zufall wirklich ein Stück Arbeit geleistet zu haben.

Solch gnädiger Zufall bescherte mir nach vielen mehr oder minder jugendlich wüsten Fehlbirschen zu meinem ersten Bock.

Ich hatte ihn im steilen Hange überstiegen, und als ich mich einmal schweratmend umsah und eben feststellte, wie tief ich das profane Leben der Täler unter mir gelassen, zog er eben einige sechzig Meter weit über einen smaragdgrünen Grasfleck.

Wie ich es fertig bekam, ihn zu treffen, ist mir freilich heute noch, nach vierundzwanzig Jahren, ein Rätsel schlafloser Nächte.

Auf den Schuß blieb er starr stehen; dann fiel er einfach um, während ich mich in einen springenden Puma verwandelte.

So ist der Mensch.

Es war aber nur ein furchterregend schäbiger Gabler, ein elendes Grasböckel mit schwarzen, häßlich ausgedrehten, scharf geperlten Stangen.

Wer mir noch vor einer Stunde gesagt hätte, ich würde mich mit solchem Jämmerling als Opus 1 zufrieden geben, dem hätte ich den Kragen umgedreht. Und jetzt: wer mir diese notdürftig angegabelten Spieße schlecht machte, ich glaube bei Gott, den hätte ich skalpiert. Es gibt keine stärkere Lupe als die der Jugendfreude an erstem Besitz, Beute oder Werk, Bock oder Braut.

Unsere ersten Liebesfreundinnen sind gemeiniglich auch nicht sehr sehenswert. Not und Erlebnis machen aus ganz unglaublichen Abarten des Weibes eine Venus.

Immerhin, es war ein Anfang, und schon der nächste Zufall, wenige Tage später, trieb mir einen schwachen, aber ganz sauberen Sechser vors niemals fehlende Rohr.

Dort trabte er ganz ahnungslos durch den mittagsflimmernden Hochwald, und wie auf Bestellung blieb er in gefährlichster Nähe stutzend stehen, um nach dem Urheber jenes herzdumpf pumpenden Geräusches zu äugen.

Ich kann nicht sagen, daß ich mit meinem Hals voll Dampfhämmern, meiner Hand voll Fieber, meinen Augen voll flirrender Sucht wirklich traf; ich fehlte eigentlich ins Ziel mitten hinein, aber für die unmittelbare Wirkung bleibt das belanglos.

Es gehört zur Psychologie des Erfolges, daß leichte Siege bisweilen zu unerhörten Leistungen befähigen. Ein klein bißchen Lob und Güte, sei's der Mitmenschen, sei's der unsichtbaren Majestät, hat manchen Mann schon zum Helden und Meister gemacht.

So schwoll nun auch mir der Busen, ein stolzes Bewußtsein der Sicherheit drängte mich zu neuen Taten, und richtig, keine Woche nach jenem beklagenswerten ersten Todesfall stand ich wahrhaft andächtig vor einem anderen, besseren Ersten, meinem ersten „Kapitalen".

Es war eine schwierige und furchtbar aufregende Geschichte gewesen. Über drei Faltungen des jähen Schluchthanges war ich dem fortwährend schreckenden, immer wieder verhoffenden und plätzenden Urian nachgebirscht, bis ich endlich über solch eine Bucht und den nächsten Grat hinweg das auf- und niederschnellende mächtige Gehörn und dazu anderthalb Handbreit Rücken sah, rotbraun im violbraunen Fallaub der Buchen. So oder so, das mußte genügen, was der Mann nicht wagt, des erfrecht sich die

Jugend. Ich nahm meinen ganzen Menschen zusammen, schraubte mich mit der Büchsflinte sozusagen ein – der heikle Schuß brach, Streu schien aufzuwirbeln, das schmale Ziel verschwand – – und dann goldgrüne Stille, die Meisen, der Kleiber, der glührot aufschrillende Specht, und tief drunten im Laurenzinebel der Täler, aus den kleinen Hügelweilern herauf das dumpfe Stampfen der Tenne, der Viertakt des Dreschflegels, der Menschheit uraltewiges, uraltverständliches Vaterunserlied …

Aber nicht anders als drunten das brotfleißige Bauerngerät schlug und dröhnte das Jägerherz, wie ich nun mit höchst gemischten Hoffnungen, für die ganze übrige Welt verloren, zum Anschusse hinüberlief, innerlich ein banges, äußerlich ein schweres Stück Wegs; denn im jach niederschießenden Hange fand eben nur die Sohlenkante ein klein wenig Haft und krümligen Halt. Ganz gegen die Regeln einer Kunst, die ich später erst recht als grausam und verlogen verachten gelernt habe: – wo man nur irgend kann oder ein verläßlicher scharfer, schneller Hund zugegen, soll man das arme Wild nicht lange feierlich „krank werden“ lassen, sondern so rasch als möglich von seiner Qual erlösen. Ja, und wenn darob die ganze sogenannte Weidgerechtigkeit, die falsche, vereinsweise kopfsteht, was sich sehr malerisch ausnehmen muß. Denen aber, die dawider sprechen, wünsche ich nur einmal die praktische Wahl zwischen einem gnädigen Ende mit kurzem Schrecken und einer dreistündigen Bauchfellentzündung mit Fieberdelirium, Meteorismus[10] und Kollaps.

In klugen dicken Büchern steht zu lesen, daß man auf dem Anschusse bisweilen allerhand schöne Dinge findet, zum Beispiel Ausriß und Eingriff, Schnitthaar und Knochensplitter und zuweilen selbst Schweiß.

Von all diesen hochbeachtlichen Sachen war zunächst, auf den ersten Blick, nichts wesentliches zu entdecken; aber da

---

10 Blähungen

Schloss Mokrice (Mokritz) ist heute ein stilvolles Hotel mit einem der schönsten Golfplätze Sloweniens. Von 1880 bis 1923 war das Schloss mit Gutsbetrieb im Besitz der Familie Friedrich von Gagerns. Viele seiner Geschichten handeln von Jagderlebnissen in den zu diesem Besitz gehörigen Revieren.

Foto: © Archiv Terme Čatež.

unten, sieben Meter tiefer im Hang, da sah die Laubnarbe so merkwürdig wundgeschrammt aus – und da lag ja auch Schweiß – und da zog er sich gleich in ganzen Striemen und Gleisen über Streu und aufgepflügte Dammerde hinab – und da tränkte er die Rutschfährte, als sei ein spundoffenes Faß voll, Entschuldigung, Blut die Steile hinabgekollert – und – und, Herrgott, dort unter der Schirmfichte am Rande der schmalen Wieshalde lag er ja, schwerleblos zusammengesackt, die Lichter opalen beflort, und aus dem Dorngeäst des schwarzen, sperrig ausgereckten Hauptgehörns erhob sich ein zarter blauer Schmetterling, der sich gerade zu kurzer ahnungsloser Rast darin niedergelassen. Wie eine entfliehende Seele schwebte er gegen den blaßgolden durchsonnten Weihrauch der Morgenhalde hinaus.

*

Die Jahre gingen, die Sommer kamen, Erfahrungen und Trophäen mehrten sich.

Vieles, unaussprechlich Vieles, alles haben mich jene tiefen seligen Sommer gelehrt, die florgrünen Maiensommer mit ihren schwarzen Wetterabgründen hinter den Höhen, die Sonnwendsommer mit ihrer ahnungsvollen Stille und ihrem heiligen Heidentum, die Erntesommer mit dem schleifenden Wetzstein und dem Dumpftakt der Flegel drunten im Frühdunst der Hügel, die Nachsommer mit dem schwermütig weltblauverlorenen Schnarren und Tropfen der kleinen Windmühlen in den Pfirsichbäumen goldener Weingärten, die Liebfrauensommer mit dem Schrillen und Feilen der Grillen in frühem Schatten und Tau – – vieles, übervieles, alles haben sie mich gelehrt, nicht nur Töten und Beuten allein: auch das Sehen, das Schauen, das innere herzinwendige Haben und Sein, die unheilbare Liebe zur Einsamkeit der Bergwälder, den unversöhnlichen Haß gegen die breiten Täler, ihre Straßen und Städte, ihre Massen und Maschinen, gegen die fiebrischen Niederungen der Kultur, nicht gegen den Menschen, aber gegen die menschliche Gesellschaft und mehr noch – Geselligkeit.

So setzte ich mich mit recht vagen Hoffnungen droben im hochraumen Holze an, während Pajduch sehr niedergeschlagen seines Dienstweges weiterging, hinüber und hinab in den nächsten tiefen Graben, wo Rundstämme und Klaftern seiner Amtierung harrten.

Schließlich, vielleicht konnte es glücken; so ähnlich hatte es ja der selige Holzer auch angefangen. Stark belaufene Wechsel durchzogen deutlich die tiefschichtige Laubstreu; da und dort hatte ein anscheinend recht guter Bock in der schwarzen Dammerde geschlagen und geplätzt.

Die Zeit verging; Schein der Morgensonne glitt rotgolden die graugewässerten Schäfte der ungeheuren Buchenpfeiler herab, fleckte den bräunlichen Grund, erfüllte die Domdämmerung mit Mückentanz und schräg durchglühtem Weihrauch. In den kleinen Ödweilern drunten krähten die Hähne; die Dreschtenne hub an mit dem dumpfen Viertakt ihrer Alltageweis, Herzschlag und Vaterunser eines Volkes. Der Kleiber tickte, von anderem Hange herüber schrillte der zauberkundige Schwarzspecht mit glühgrellem Schrei. Ein Bussard pfiff irgendwo über Sommertaudunst der Höhen; die Amsel hüpfte im Laub, kerfte und scharrte; stichfein sangen die Schnaken, dicht vor dem Ohr, als hörte man in das Summen und Sirren einer anderen Welt.

Längst hatte ich mein Büchel aus dem Schnerfer vorgeholt, einen billigen gelbrosenen Reclamheftband: – eines der erhabendsten Werke germanischen Geistes, die Edda. Was auch läse sich besser in tausendstimmiger Hochwaldstille, wo alles Gott ist, Ratatöskr[11] murcksend und rasselnd den rauhen Stamm hinanfährt, Hugin und Munin, das wissende Kolkrabenpaar, über den Graten kreist, Allvaters Odem in den Wipfeln rauscht, Mimirs[12] Urborn tief im Schoß der Gebirge raunt? … Auch später noch habe ich auf einsamem

11 Eichhörnchen in der Edda-Sage
12 Riese in der Edda-Sage

Vorpaß – wie man in Österreich den „Ansitz“ so hübsch und anschaulich nennt – immer gerne gelesen, das Schöne mit dem noch Schöneren vereint, in Dianas Diensten mit den Musen vertrauten Umgang gepflogen und – – manchen starken Bock sozusagen über das Buch weg, aus dem Buche heraus erlegt. Ohne daß mir deshalb das Knacken eines brechenden Zweigleins, der Schatten eines vorüberstreichenden Vogels, ein Laut, ein Bild, geschweige der tiefste und eigentlichste Genuß, das allsinnliche Bewußtsein des Daseins in der Natur entgangen wäre … So auch diesmal.

Noch weiß ich, wie weit ich gekommen und wo es dann geschah: beim Mythus von Humers[13] riesigem Kessel, den Thor für den wortbrüchigen Ogir heranschaffte, daß er sein Versprechen einlöse und den Göttern zum spätsommerlichen Trinkgelag nach der Leinernte das Ael[14] braue – – da knisterte es links über mir in der bruchtrocknen Laubstreu, ein einsames Schmalreh zog scheu und zag unter den hohen Buchen dahin, und gleich darauf entwickelte sich aus den düsteren Fichtenstangen im Hintergrund ein mit freiem Auge als mindestens kapital anzusprechender Bock. Alles vollzog sich mit verwirrender Geschwindigkeit. Bevor ich ihn im Flimmer hätte fassen können, begann der Freier das Liebchen zu sprengen. Ein paar Ewigkeiten lang rauschte und prasselte und keuchte und fauchte das unsichtbar in der Tiefe einer kleinen Mulde, keine sechzig Schritte fern dem mordkalten Rohr. Dann erschien das Paar in schönstem Stich- und Paradetrab, sie voran, zier und leicht, er hinterdrein, schwer und dunkel, mit weißrollenden Lichtern und vorgesenkter Wehr. So lief er mir geradezu ins Visier; der Schuß hallte durch den münsterhohen Wald, und alles war vorüber.

Als ich aber nun herantrat, meinte ich nicht recht zu sehen. Man muß der beigegebenen Zeichnung schon trauen – oder gleich alles miteinander für wüste Phantasie halten.

13 Sagengestalt aus der Edda-Sage
14 Bier

Ehrlich gesagt, ich selbst glaubte zu träumen, und mehr als einmal griff ich zu, mich dieser Wirklichkeit zu vergewissern. Solch eine Krone hatte ja nicht einmal der alte Holzer selig in seinen Tagen erbeutet! …

Freilich: eine Widersinnigkeit – aber was für eine und in welcher Ausführung! … Fraglos hatte der Bock die rechte Stange im Bast verletzt. Vielleicht war er in eine Schlinge geraten, die das noch weiche Gebilde spaltete, vielleicht hatte er sich irgendwo im allgegenwärtigen Bromgerank unserer Wälder verstrickt oder er war bei wilder Flucht gegen einen niedrigen Zweig gerannt. So kam eine Krone, eine wirkliche „Krone" zustande, die dank der kapitalen Grundlage, wie die normale Stange sie ausweist, zu etwas Außerordentlichem erwuchs und sicherlich schon viele Preise geerntet haben würde, hätte ich sie je den Ehren und Gefahren einer Ausstellung ausgesetzt.

Mit abgekochtem Schädelstück wog das Gehörn über 650 Gramm; mit der Trocknis der Jahre ist es auf etwa 550 Gramm zurückgegangen. Die rechte Rose für sich hat einen Umfang von 21, ihre Stange unterhalb der Dreiteilung einen solchen von 15 Zentimetern. Die entsprechenden Maße der normalen Stange sind 17 und 10 Zentimeter. Die weiteste Auslage beträgt 24, die Sehnenhöhe 25 Zentimeter.

Ich teile solche Maße nicht mit, um den Leser zu öden und mit ihnen zu prahlen. Schließlich kann ja kein Jäger für die Stärke seiner Beutestücke. Es kommt alles auf den Geburtsort, auf die Heimat, auf den Zufall – und oft das Allerwenigste nur auf das Können und Verdienen an. Ein siebenbürgischer Offizier konnte in wenigen Jahren dortiger Stationierung mehr Kapitalböcke schießen als ein braver märkischer Rittergutsbaron in seinem ganzen Leben; mancher bosnische oder huzulische Bauernschütz hat mit seiner zusammengenagelten einläufigen Postenspritze mehr Schildgehörne erbeutet, als auf drei großen Berliner Ausstellungen beisammen zu sehen. Meine Maße also sollen nicht protzen und prahlen; ich hasse den Rekord – wie sollte ich nicht, ich unverbesserlicher Waldmensch mit meiner Uhu-Natur – und ich hasse ebenso oder noch inbrünstiger die heuchlerische Art gewisser höchst merkwürdiger Jagdschriftsteller, die nach ein paar Druckseiten Natur- und Gefühlsschmalz mit einem kalten Sprung zur metrischen Sachlichkeit der von ihnen – – erdichteten, nicht einmal erbeuteten Phantasie-Trophäen übergehen, zu den angeblichen Maßen von Geweihen und Gehörnen, die auf keines Hirsches und Bockes Haupt, sondern aus einem sehr kranken Menschenkopfe hervor in die Literatur gewachsen sind …

Aber schließlich gibt man ja auch die Höhe eines erkraxelten Berges in Metern und den Stimmungsgehalt eines auszutrinkenden Kirschbrands in Volumprozenten an. So seien mir hier jene häßlich harten Ziffern verstattet, die allein die Anschauung vermitteln, die Wertigkeits-Koeffizienten der Vorstellung bedeuten. Es kommt ja alles darauf an, wie man's macht und wie man's meint; und machte und meinte ich's anders, ich hätte längst diese Krone mit ein paar ihresgleichen dem öffentlichen Neide preisgegeben.

Es war der starke heimliche Bock, von dem der wackere Pajduch am Vorabend berichtet, ohne groß Gehör zu finden. Die Brunft, der Liebesrausch hatte ihn aus dem Schutz seiner schluchtigen Dickungen getrieben und in den Tod verführt. So ergeht es nicht nur starken, einschichtigen Böcken. Die Liebe, die hat's auf sich.

Ob es gar so schön ist, ausgerechnet im Honigmond zu sterben, lasse ich dahingestellt. Die Verteidiger der Brunftjagd, vielzehntausendköpfig gegen mich ziemlich einzigen Andersgesinnten, diese vielen Vielzuvielen behaupten es; selber haben sie's wahrscheinlich noch nicht probiert, und die Anwendung ihrer Theorie auf ihre eigenen Schäferstunden würden sie vermutlich für eine Gemeinheit erklären. Damals – und noch manches Jahr nachher – folgte ich selbst freilich gedanken- und fühllos dem allgemeinen Mißbrauch, habe wahrscheinlich auch das eine oder andere Mal mit eigener Puste in jenes Horn geblasen und das eingeleierte Rührstück vom seligen Minnetod getreulich nachgespielt. Nun stehe ich seit langem auf ganz anderer Warte, einsam und gelegentlich angefeindet, wie jeder, der seinen sogenannten Mitmenschen eine ärgerliche Wahrheit sagt.

Und diese Wahrheit ist eben die, daß es eine Niedertracht ist und bleibt, ein edles, schon nicht mehr allzu häufiges Wildtier in seiner hohen Zeit zu stören und gar noch von seiner sinnlichen Verblendung feigen Mißbrauch zu machen.

Niedertracht schreibe, Schweinerei meine ich. Nein, kein Wort ist zu hart für diese, obendrein mit parfümierter Sentimentalität vergiftete Gesinnung. Die faule Ausrede: „daß eben nur diese Zeit so manchem Jäger Gelegenheit bietet", die lasse ich nicht gelten. Dann sollen diese „manchen Jäger" eben ihre ganz überflüssigen Schießgewehre an den Nagel hängen und die Hände von Wild und Waffe lassen, rudern, Benzingase auspuffen, Diskuswerfen oder meinetwegen Briefmarken sammeln, nur nicht den Wald, die Schöpfung mit ihrer schmierigen Verlogenheit besudeln.

Und das ist ja das Eigentliche, das Schlimme: die Verlogenheit, diese – ich muß es sagen – deutsche Verlogenheit. Und steinigt man mich gleich für diese Ketzerei, hier steh' ich, ich kann nicht anders. Das Maul, ja, das trieft von Weidgerechtigkeit, aber hinterm Hutband, da steckt der Bruch für den angeblatteten Bock. Und wieviele Böcke werden verblattet, daß sie dann nicht einmal mehr auf den echten Naturlaut hören wollen? ... Wie viele werden geradezu taub gegen die Stimme des Lebens? ... Welch ein Stachel und Sporn zur Grenzschinderei! ... Und wie oft wohl mag es geschehen, daß selbst ein Fehlschuß mit seinem Knall und Schrecken der Brunftigkeit der Ricke ein Ende setzt, die Besamung – Befruchtung kann man beim Reh nicht sagen – vereitelt, zu später Herbstbrunft und dementsprechend spätem, aussichtslosem Herbstsatz führt! ... Und, ganz abgesehen von dieser schieren Nützlichkeit: wie eint sich das alles, wie verträgt sich das mit der hohen Weidgerechtigkeit, der vielgepriesenen? ... Mit der „Ehrung des Geschöpfes im Schöpfer“? ... Klingende Verse zum Gassenhauer ableiern, ja, das ist leicht; aber weidgerecht aus dem Herzen heraus sein und nicht nur pharisäisch nach dem Buchstaben scheinen – – ! ... Hase und Rebhuhn, die – Proleten unter unserem Wildgetier, genießen gesetzliche Paarungsruhe; und die Edlen unserer heimischen Fauna, Hirsch und Bock, Urhahn und Birkwild? ... Hie gut teutsch Weydewerck allerwege[15], jaja; das sieht in Fraktur sehr hübsch aus. Aber wo ist da noch das Deutsche mit seiner Beseeltheit, wo das Weidewerk mit seinem ungeschriebenen inneren Gesetz, mit seinem kategorischen Imperativ[16]? ... Das Weidgerechtigkeit, jagdliche Gerechtigkeit, diese schmutzige, selbstsüchtige Heuchelei? ... Da pfeif' ich drauf!

Ein hartes, ehrliches Gesetz her, das den Edelsten unter unseren Wildarten zu ihren Rechten verhilft, unbekümmert um das Wehgeschrei so vieler Mundweidgerechter! ... Und der unwürdige Unfug hat ein Ende. –

In Österreich, ja, da haben die Jäger noch ein Herz, auch die ganz einfachen. Da schrieb mir einmal einer aus den Bergen, in ganz holprigen Buch- oder vielmehr Latschen- und Arvenstaben: „– Lieber geehrter Herr, Seit was ich Iren Artikl gelesen hab im Waidmannsheil, ist mir ganz anders, und schieß ich nie mehr auf ein Stück Wild in der Brumpft, das müsten alle, es is eine große Gemeinheit, man muß nur selber denken ... “

Ja, ja, man muß nur selber denken. Er hatte schon recht, der brave Österreicher aus den Bergen. Und so wollte ich jedem deutschen Bruder, der jenen Appell an die eigentliche, die innere Weidgerechtigkeit mit gedankenlosem und feigem „nun mal eben“ oder „denn doch wohl“ abtut, von Herzen gerne „nun mal eben“ eine ganz harmlose Tesching-

15 altmodischer Gruß unter Jägern

16 Immanuel Kants Forderung, stets so zu handeln, dass die Summe des eigenen Handelns auch zum allgemeinen Gesetz werden könnte

kugel durch das leblose Fenster seines jungehelichen Schlaf- oder sonstigen Minnegemachs schießen: er würde das mit vielem Brustgetön und Jestattensemal denn doch wohl für eine bodenlose Schweinerei erklären.

Und das Tier – verdient wahrlich mehr Rücksicht als der Mensch. – –

Vielleicht war es gerade jener Hauptbock, der mich in all meine zwanzigjährige Freude hinein zuerst nachdenklich gemacht: im starrigen Verenden war ihm der Samen in vollem Schwall ausgetreten, die blonde Bauchdecke kleckte vom heißen Erguß. Für diesen Einen wenigstens mag das dunkelbittre Sterben etwas wie eine süße Auflösung in Purpur, Tiefe und Nichts gewesen sein. Ich – hoffe es.

Auch der wackere Pajduch erkannte augenblicklich sein Fabeltier aus der unzugänglichen Finsterdickung. Schon mein hinabhallender Schuß hatte ihn aufhorchen gemacht; als ich ihm nun auf dem Flintenlaufe das stahlhelle Signal blies, war er gleich überzeugt, daß irgend etwas Erschütterndes sich ereignet haben müsse. Keuchend und schwitzend arbeitete er sich die wahnsinnig steile Reiße hinauf, und als er dann vor dem Bocke stand, blieb er eine Weile ganz still, in Kopfschütteln und Andacht verloren. Um dann, nachdem er den Hut abgenommen und sich nachdrücklich den dampfnassen Schädel gekratzt, in die geflügelten Worte auszubrechen: „Also das sind die große Pocken. Also das sind die größte Pocken, was hate sein und wesen in ganze Mokritzer Revier. Also ich piten Herr Baron um einen Zigarete.“

Das war des kapitalen Vierstangers erster und kürzester Nekrolog.

Kapitaler Vierstangenbock, 6. August, 1902.

2.
Adam und ich. – Böcke sind da, bitte. – Trick. – Ich und die Metersekunde.

Die Kronen, die ich beim trefflichen „Förster" Adam hängen sah, warfen mich nicht gerade hintenüber. Aber man muß doch nicht nur auf Knochen jagen. Es waren etliche recht brave Gehörne darunter, doch hatte ich in meinem Leben schon andere Majestäten geschaut.

„Es sind Böcke da, Böcke sind da, bitte – aber ... " – Förster Adam zuckte fatalistisch die Achseln – „man hat wenig Zeit, ich bitte, hier und da nur – wenn die gnädige Herrschaft gerade Auftrag gibt – wir wollen einmal die Grenzen befahren, bitte."

Wir befuhren die Grenzen, auf Wegen, die auch bessere Zähne lockern mochten: aber die Landschaft in ihrer Schwermut war schön, die schwarzweißroten Störche strichen über Moorwiesen, Kiebitze wuchtelten durch den Abend, Nebel zog geisterstill im Erlenbruch ...

Wild bekamen wir nicht zu sehen; ein paar Enten, die aus verwilderten Teichen aufstanden, einen fast schneeweißen Bussard hoch im verglühenden Sommerblau ... Der weiße Adler[17]?

Aber doch fand ich, erspähte ich am Rande eines langgestreckten Erlenbruchs Fegestämme; es war um Mariä Himmelfahrt, Ende der Brunft. Nun würde der Bock freilich nicht mehr seine Stangen scheuern; sie hatten ihre Pflicht getan, er selbst war müde und bedurfte der Ruhe. Aber hier herum hatte einmal, hatte vor absehbarer Zeit ein Bock gestanden, und zwar, nach Stärke der befegten Bäume zu schließen, ein starker Bock: – ein Anhaltspunkt. Ich machte meinen wackeren Förster Adam auf das Zeichen aufmerk-

17 Wappentier Polens

sam. „Aber ja, bitte, Böcke sind da, bitte“, versicherte er tröstlich; und das mußte für den ersten Abend genügen.

Ich schlief gut und recht sorglos; irgendwie würde es schon werden. Schön ist ja nur, was sich still gestaltet, nicht das programmatisch Fertige.

Nur die üppig schwülen Gansfederbetten meines guten Adam machten mir zu schaffen. Ich liebe das Pferd, ich liebe das stramme Roßhaar. Aber was konnte mein trefflicher Adam für den Wappenvogel dieser Landschaft?

Es war schon büchsenhell, als wir zum ersten Male auszogen, ins Unbekannte hinein. Wir: mein Hund, meine Waffe und ich.

Mein Hund: ein Edelbastard aus Deutschkurzhaar und Pointer. Brauntiger, nicht überderb im Bau, geschmeidig; nicht so dickfellig wie viele Deutschkurzhaarige, nicht so übernervös wie der reine Pointer. Nerven genug zu Führigkeit und feinfühligem Verstande, Gründlichkeit genug zu sauberer und doch flinker Arbeit; keine weithin trommelnde Galoppsuche, vor der selbstredend die Hühner nicht halten wollen, wenn sie der Pips[18] nicht um den Verstand gebracht, sondern weiträumiger, fördernder Trab, der den Hund dennoch nicht so bald erschöpfte wie das ganz zwecklose Gespringe, das immer irgendwie den Eindruck erweckt, als könne das Tier ob zu großer Kürze und niedriger Hinterhand gar nicht richtig traben, und außerdem die Arbeit des Geruchssinnes gewiß nicht fördert. Festes und doch nicht blödsinniges Vorstehen, sicherer schneller Apport ohne Spielerei, ganz hervorragend im Buschieren, unermüdlich im Wasser und ausgezeichnet auf Schweiß – alles in allem ein Hund, den ich nicht gegen noch solch berühmten Sieger vertauscht hätte, obwohl er weder eingetragen war, noch sonst irgendeinen halb- oder unoffiziellen Stammbaum besaß.

18 Hühnerkrankheit

Denn ein schierer Zufall hatte mir diesen treuen lieben Gefährten zugeführt. Ich sah ihn einst – Anno 1910 – in der Führung eines jungen Hilfsjägers, drunten in der Heimat, im österreichischen Süden. Der Hund war schäbig, war vernachlässigt, war nicht rasserein; aber sein Blick, seine tiefgoldbraunen Augen, seine Physiognomie gefielen mir, und noch besser gefiel mir das bißchen Arbeit, das ich zu sehen bekam. Flinker, sachlicher Apport, sichtlich gute Nase und zartfühliger Ehrgeiz, alles bestechende Züge; was willst du für den Hund haben? Wir wurden sehr bald handeleins; ich gab eine sehr gute, geführte Hahnflinte – und erhielt einen unvergeßlichen Weidgenossen. Genauere Nachfrage förderte dann zutage, daß „Trick" Eigentum eines jungen österreichischen Offiziers gewesen, der – wohl aus Not oder in Verlegenheit – den Hund einem befreundeten Ingenieur in Kost, Quartier und Gebrauch gab, ohne sich weiter um ihn zu kümmern. Aber auch der Ingenieur verzog und stellte seinerseits den ihm hinderlichen „Trick" beim Vater meines (inzwischen gefallenen) Hilfsjägers – eines prachtvollen Jungen – ein. So gelangte „Trick" zu mir, und keiner von uns beiden hat es jemals bereut. – Für den Einschlag von Pointerblut habe ich allerdings keinen anderen Beleg als die zarte Nervosität und die elegante, spielerisch meisterhafte Arbeit; aber jeder Kenner bestätigte meine Annahme aus dem Gesamtbild, dem gestreckten Bau, der charakteristischen Physiognomie.

Es war also schon büchsenlichtig, als wir ins Unbekannte aufbrachen, Hund, Waffe und Jäger. Nicht aus trägem Behagen hatte ich das Morgengrauen in den schwülen Gänsefedern abgewartet, deren zugehörige Riesenlebern voreinst in weiß Gott Jehovah welchem Schabbesmagen verschwunden. Noch kannte ich mein Revier nicht, im Halbdunkel hat man da naturgemäß wenig Aussicht; ich konnte höchstens etwas vertapern und außerdem die Stiefel voll schöpfen.

Die „Försterei" lag am Dorfe weit in den Feldern; drüben im Taudunst der Spätsommerfrühe dämmerte blau der

Wald. Schon oder noch klapperten Störche, Stoppel dampfte und Scholle, ein zeitiger Bussard strich schwer aus nassem Nebelbaum ab und verschwand in grauer Stille. Am Bestandssaum äste sich nur ein sehr einsamer Hase; von Rehwild keine Spur, kein Schatten.

Der Weg war leicht zu finden, denn hier, an der Kuhle, waren wir gestern ins Freie gefahren, und das Bruch lag schätzungsweise eine schwache Halbstunde tief im Holz. Weiß man, daß die Sonne gewöhnlich im Osten auf- und im Westen untergeht, so kann man sich in Mitteleuropa, selbst im östlichen, eigentlich nicht verirren. Schließlich gibt es ja auch etwas wie einen Ortssinn, und der ist dem Jäger wichtiger, vielleicht aber auch charakteristischer als irgendein anderer der Nebensinne. Dem Jäger, nicht dem Schützen, nicht dem braven, gehorsamen Weidmann.

Der Wald troff. Erlen, Birken, Wacholder, da und dort Fichtenhorste, dann wieder Erlen, Birken, Wacholder und zwischendurch sehr starke Eichen. Heute zeigte sich's besser als gestern, daß bruchige Erlenstockschläge mit alten Überhältern eigentlich das forstliche Bild beherrschten. Ich kannte solche Landschaften von Südösterreich her. Dort hatte ich mit meinem verstorbenen Freunde P. v. L. oft genug im 120.000 Morgen großen „Lug“ – es ist dasselbe Wort wie das mittelnorddeutsche „Luch“, slawisch für Sumpfwald – gejagt, auf den Goldadler, auf den schwarzen Moorbock. Das Wild solcher Bestände, mögen diese nun dem Auge des Holzmannes erfreulich sein oder nicht, ist gemeinhin nicht von schlechten Eltern.

Einmal hörte ich ein Reh in der Tiefe des Erlendunstes schmälen; der Stimme, den kurzen rauhen Stößen nach konnte es ein guter Bock sein. Anbirschen war aussichtslos; auf saugendem Moorgrund schleicht es sich schlecht. Ich hielt mich für heute an das, was sich für einen Weg ausgab und eigentlich ein Damm zwischen zwei Brüchen war. Die Ortskenntnis mußte zunächst einmal ein Rückgrat haben.

Mitunter hat man mehr Heil als Hoffnung; meist sogar, denn hochgespannten Hoffnungen folgt gewöhnlich der Fehlschlag. Noch stand ich und zweifelte, ob ich auch wirklich die Richtung nach dem gestern ganz ungefähr festgestellten Standorte eines mutmaßlichen Bockes eingehalten – die Erlen und Eichenüberhälter sahen einander verdammt gleich – da zog reichlich weit von mir ein sehr starkes, düsterrotes Reh durch die altbegraste, von einigen wenigen dünnen Birken und Wacholdern bestandene Vorlichtung des Erlenschlags, durch das – um mich speziell dem Bayern recht verständlich zu machen – zum Erlenfilz gehörige Moos. „Trick" hatte das Wild auch schon eräugt und saß fröstelnd und leis wedelnd mir am Knie. Das Stück äste sich schräg weg; der Spiegel groß, es konnte nur eine Ricke sein. Jetzt warf das Reh das Haupt herum, und das kleine, scharfe Glas zeigte wohl zwei Luser, weiter aber auch nichts. Kopfschüttelnd, vertraut zog die Ricke im stillen Tau weiter. Da schob sich ein zweites Stück ins Rund der Linse; es trat hinter einem Wacholder hervor und äste fast ganz spitz fort. Noch dunkler als das erste Reh, geringer im Gebäude, aber doch gedrungener, und der Spiegel eng geschlossen; kein Zweifel: ein Bock. Daß der Bock mit der letzten Liebe seiner Minnezeit, gewöhnlich einer alten, oft schon gelten Ricke weiter Gemeinschaft hält und eine Art von resigniertem Eheleben führt, ist ja bekannt. Bock, aber was für ein Bock? Im stetigen Tropfenfall des Morgens birschte sichs auf dem Damme recht gut; die Entfernung mochte nun noch hundertdreißig Gänge betragen. Da trat ich denn doch auf einen Dürrzweig, beide Rehe warfen mit hohen erstaunten Gehören auf. Der Bock sah eben hinter einem kleinen Wacholderbusch hervor; das Gesicht eisenschwarz, die Krone darüber auch freiem Auge sofort als stark erkennbar. Etwas mehr vom eigentlichen Blatte hätte ja frei sein dürfen; allein das grobe Blei der goldtreuen alten Büchsflinte hielt seinen Strich. Korn, Kimme, Stecher, Schuß, Stoß, Schmauch; der Bock zeichnete stark und flüchtete ganz schwerfällig mit hohem

Krummrücken gegen das Erlenfilz. Plötzlich war er verschwunden. Ich schritt zunächst einmal die Entfernung ab, eigentlich um den großen Augenblick noch ein klein wenig hinauszuschieben – gemachte Sachlichkeit. 133, auf den Fuß genau die eigentliche Visierschußdistanz der Büchsflinte mit der Standkimme. „Trick“ windete immerzu seitwärts und wedelte erregt; der Schweiß aus einem Guß; eigentlich wollte ich ja noch nicht hinsehen; aber was war da zu machen, dort lag er ja, dunkelrot im grauen Gras.

Nun, es war kein „kapitaler“, aber es war ein recht starker, und, wie es mir schien, alter Bock; der Zahnbefund bestätigte das. Die Krone sehr derb, breit ausgewuchtet, nicht üppig aber grob geperlt, die Rosen kräftig, die Stangen sehr fleißig gefegt, ellernwasserschwarz mit horngelben Leisten. Dieser kleine Zug, der Fegezustand des Gehörns, ist im Gesamtbilde der Trophäe sowohl wie des Revieres und seines Wildes nicht zu übersehen. Blankgescheuerte Stangen sind immer das Zeichen von Gesundheit und Lebensfreude des Bockes als Individuum, blankgefegte Kronen das Merkmal einer im Kern gesunden, wenn auch qualitativ vielleicht nicht hervorragenden Rehfamilie. Kranke, kümmernde und alte, lebensüberdrüssige Böcke wenden ihrer Wehr nicht viel Pflege zu, und ebenso sind Böcke aus endemisch verseuchten, degenerierten Beständen sehr träge Feger. Anderseits scheint mir das Geschlechtsverhältnis die Fegelust des Bockes sehr zu beeinflussen. Antrieb zur Schärfung, Erprobung und Pflege der Waffe ist der geschlechtliche Zorn, die Eifersucht. In Revieren, wo das Verhältnis der Böcke zu den Ricken unter 1:5 gesunken, fand ich durchwegs lässig gefegte, freilich auch geringe Kronen. Das schlägt ja an und für sich in die Kerbe der Degeneration, der Entartung durch allzuhohe Beanspruchung und Teilnahme der Minderjährigen an Brunft und Vaterschaft. In den Revieren von und um Obor verhielten sich die Geschlechter meines Erachtens wie 1:2, vielleicht noch günstiger. Ich muß überhaupt sagen, daß ich ganz junge, schwächere Böcke kaum zu sehen bekam. Es gibt nun natürlich kein Revier ohne Ein- und Zweijährige; aber sie verhielten sich wohlweislich im Innersten der Laubdickungen und hüteten sich, die einmal gewählten Äsungsplätze der älteren Herren zu besuchen.

Der Bock wog aufgebrochen, mit Gehörn 53 Pfund, immerhin noch hochachtbar für die Zeit um Mariä Himmelfahrt. Das Blei war etwas weit hinter den eigentlichen Blättern durch die Rippen gegangen und hatte die Leber mitgenommen; daher die Flucht mit hochgekrümmtem Rücken und das Herumwerfen nach dem Schusse. Das durchs Herz geschossene Wild rast, wenn es nicht im Feuer bleibt, geradeaus fort; durch die Leber geschossen beschreibt es fast immer einen Halbkreis, ob nun Hase, Bock, Hirsch oder gar – Mensch.

Die Waffe, die ich in Obor ausschließlich führte, war eine äußerlich sehr einfach gearbeitete, aber aus allerbestem Material hergestellte Hahnbüchsflinte, deren Schrotlauf besonders dicht schoß, und deren gezogenes Rohr für eine in Deutschland sonst kaum bekannte und begehrte Patrone, bzw. Hülse, 10 Millimeter, eingerichtet war. Auf 4,5 Gramm Naßbrand kam ein gestutztes Bleigeschoß von nahezu 16 Gramm Gewicht; die „ballistischen Ziffern", 470 Metersekunden, rund 170 Meterkilogramm, mögen ja nicht sehr imposante sein, aber sie sind eben auch nur – Ziffern; und all das Wild möchte ich noch einmal vor Kimme und Korn haben, das dieser unverwüstliche, heute noch blitzblanke, heute noch hoffnungsvolle Lauf sauber und verläßlich erlegt! Es ist ja fast lächerlich: in meinem Gewehrschranke hatte ich damals sicherlich meine 12 bis 15 Büchsen stehen, d. h. Waffen mit gezogenen Rohren; eine Mauserin mit 780 Stahlmantelsekunden, 9 Millimeter, war darunter, ein Blockstutzen 6,5 Millimeter mit 740 Metersekunden, eine andere 6,5-Millimeter-Büchse mit über 800 Metersekunden, Manteldrillinge und Bockbüchsflinten von 6–9 Millimeter und 560 bis 650 Metersekunden – und ausgerechnet die alte Bleibüchsflinte nahm ich mit.

Ich will bekennen: ich habe es nie bereut. Ich will und muß weiter bekennen: an all diesen verstählten Blitzen des unersättlichen Menschenwillens hatte ich damals schon keine Freude, zu ihnen kein Vertrauen mehr. Ich will sogar daran erinnern, daß ich seinerzeit um das Wissen von Schuß und Waffe mich nicht wenig bekümmert und manches Farbband daran blaß, manche Feder darüber schief geschrieben. Aber immer wieder trat ich im Stillen für das gute, alte Bleigeschoß ein, und dieser ersten Liebe habe ich mich mit wachsenden Jahren, Erkenntnissen, Erfahrungen mehr und mehr zugewandt. Ratsuchende verwies ich – mit Schuldbewußtsein gegen den modernen Geschmack, Zeitgeist und sogenanntem „Fortschritt“ – häufig darauf, daß man seinerzeit mit dem veralteten Naßbrandpulver und dem ungefügen, getalgten Bleistumpf so manchen nimmerwiederkehrenden Haupthirsch, so manchen Kapitalbock sehr sauber auf die Decke gelegt; die meisten Frager mögen zu solcher Auskunft wohl ungläubig und nachsichtig den Kopf geschüttelt und mich verlorengegeben haben, einige wenige aber vertrauten der Erfahrung, prüften sie durch neue Versuche nach, und siehe: das Alte war doch nicht das Allerschlechteste. Besonders erinnerlich ist mir der Fall eines baltischen Jagdherrn, der seine Elche mit noch so viel Blättchenpulver und Stahlenergie nicht tot kriegte; ich äußerte dazu, daß ich auf starkes, aber immerhin nicht dickhäutiges Schalenwild, wo sehr weite Entfernungen nicht die Regel sind, eine kräftige Schwarzbleipatrone führen würde: und der Mann ging hin, kaufte sich einen guten Drilling 9,3/72 Millimeter, was ich nicht getan haben würde und brachte damit seine Schaufler glatt zur Strecke!

Meine Erfahrung ist jedenfalls die: daß schlechte Schüsse, die ja aus der Wahrscheinlichkeit leider nicht auszuschalten sind, durch noch so viel Aufwand an Metersekunden und -kilogrammen nicht verbessert werden, daß ganz im Gegenteil kleinkalibrige Hartgeschosse von noch so bedeutender Auftreffgeschwindigkeit in diesen Fällen versagen und die vielgerühmte Drucksprengwirkung vollkommen vermissen lassen, daß endlich schlechte Schüsse bei Verwendung von Mantelgeschossen infolge leichten Verschlagens relativ sehr häufig sind, und daß zuletzt die Lebensdauer der Läufe, gezogener Läufe, durch den nie unbeträchtlichen Gasdruck hoher Nitroladungen, durch die hohe Verbrennungstemperatur der Nitropulver, durch den Abschliff seitens langer Hartgeschosse, durch so veranlaßte Häufigkeit und Schärfe der Reinigung ganz wesentlich abgekürzt wird. Darüber lassen sich, wenn man nichts Gescheiteres zu tun hat, Bände schreiben; ich habe dieser Pflicht seinerzeit genügt und heute andere schriftstellerische Sorgen.

Ich möchte nur einige Punkte ganz flüchtig berühren. Wenn mir eine Waffe, wenn mir ein gezogener Lauf wegen seiner Leistung oder, nehmen wir an, wegen seiner Geschichte lieb, traut und gewohnt ist, möchte ich ihn doch möglichst lange, möchte ich ihn womöglich immer, zeitlebens führen; denn mit Gewohnheit und Vertrauen schießt man besser als mit hohen ballistischen Daten. Ausbrennungen – eines der häufigsten Übel kleinkalibriger Mantelläufe – und Ablagerungen von Nickel und Kupfer, unter denen am liebsten in Stille der Nitrorost sich einnistet, machen aber diesen Wunsch, dies gesunde Bestreben nach Beständigkeit zunichte. Ich muß schon gestehen: an bräunlich ausgesengten, an angekupferten und angeknickten Rohren habe ich keine Freude mehr; da ist mir ehrlicher Rostanflug, der sich in den Anfängen leicht beseitigen läßt, immer noch lieber. Dazu kommt das scharfe, häufige, so unerbittlich notwendige Reinigen, das die Integrität der Bohrung nicht erhöht; dazu kommt, daß mit allen diesen Opfern doch nur praktisch unzulängliche Leistungen erkauft werden. Wenn man schließlich sieht und erlebt, daß der kleinkalibrige Weidewundschuß mit 280 oder 300 Meterkilogramm oder 750 Metersekunden den Bock auch nicht an die Stelle bannt, auch weitergehen und leiden und unter Umständen verludern läßt, weil die Schweißfährte nicht ausreichend: – dann wird man stutzig und frägt sich: wozu? Und wenn ein Jäger von einiger Urteilskraft, Fachkenntnis und Beobachtungsgabe, nachdem er vom Katzenkopf bis zum S-Geschoß und zur High-power-Munition fast alles in der Praxis geführt und geprüft, wieder zur alten Expreßpatrone zurückgreift, so muß das doch seinen Grund nicht in irgendeiner Laune, sondern in einer Erkenntnis haben!

Nun, diese Erkenntnis ist vorhanden; aber ich will sie niemand aufdrängen. Mit zunehmendem Alter und Mißtrauen könnte man schließlich auf den Gedanken kommen, der ganze wilde Pulver- und Geschoßrummel und -taumel der letzten 25 Jahre sei eigentlich um der Industrie willen gewesen, denn diese hat an den fortwährenden Neuerungen und einander überbietenden Ziffern, an den anpreisenden Mitteilungen der Jagdschriftsteller und am starken Rohrverschleiß durch Treibmittel und Geschoß enorm viel verdient, hat sich daran gemästet und unheimlich erweitert – die Rechnung bezahlte das Wild. Ein altes gutes Expreß- oder überhaupt Bleigeschoßrohr, gleichviel ob an Drilling, Büchsflinte, oder einzeln oder zu Paar, diente seinem Herrn bei mäßiger Pflege ein halbes Menschenalter hindurch; das ist aber ganz und gar nicht im Sinne der rasend schnell rotierenden, von dieser Rotation lebenden Industrie.

Nun, wir wollen der Industrie ihren Vorteil gerne gönnen; aber nach besserer Auffassung sind Fachindustrie und Erzeugnis eigentlich um des Wildes willen da und nicht umgekehrt. Infolge Überreizung, Neusucht und Überbietungsschwindel aber war es dahin gekommen, daß das arme Wild um der Patrone und auch der Waffe (auch um des Hundes!) da zu sein schien; man hatte und hat kapitale Büchsen und kapitale Hochkraftmunitionen: aber man hat bald keine Böcke, keinen Hirsch mehr dazu …

Ich führte Mantelbüchsen schließlich nur mehr auf Feldpirsch, wo bisweilen recht weit geschossen werden mußte; im Walde aber ausschließlich Bleimunition, denn Schüsse über mehr als 180, 200 Schritte gehören da doch zu den Seltenheiten, und das stumpfe Bleigeschoß hält Strich durch Dick und Dünn, durch Gerte und Halm hindurch. Es schneidet, und wo es schneidet, da greift es, und wo es greift, da verschlägt es nicht und gellt nicht ab. Im Wald ist's unsichtig; etwas wie Hinterland hat aber auch der Wald. Und da das stumpfe Bleigeschoß schneidet, schneidet es auch Haar, schneidet es auch Decke, und wo Decke scharf ausgestanzt wird, da fließt Schweiß. Nun, ich glaube, ich habe es nicht nötig, eine gute, wenn auch bescheidene Sache hier gar noch wortreich zu verteidigen.

Die beschriebene Büchsflinte – nicht meine einzige Waffe dieser Art und Munition – hat mit genannter Ladung Visierschuß auf 100 und 150 Meter, 133 bzw. 200 Schritt. Das genügt für anständige Praxis vollauf, zumal die Streuung, die sog. natürliche Streuung über 100 Meter, 10 Schuß aufgelegt, auch nicht mehr als 7 Zentimeter beträgt. Die mittlere Erhebung der 100-Meter-Flugbahn dürfte 6,5 Zentimeter betragen, vielleicht 7 Zentimeter. Ist denn das in der Praxis gar so viel? „Rasanz" ist ja auch so ein Vogel der jagdlichen Neuzeit, ein Begriff, auf den die Jäger wie hypnotisiert starren; hypnotisiert, ja, denn er wurde und wird ihnen andauernd suggeriert. Man überlege aber: mit derartiger Waffe birscht man auf Bock und Hirsch, und der Todeskreis des Bockes hat einen Durchmesser von reichlich 15 Zentimeter. Dagegen wählt man zur Krähen-, zur sogenannten Schonzeitbüchse mit Vorliebe die bekannte Vierlingspatrone 22/35 WZ, deren gangbare Schwarzpulverladung dem Bleigeschößchen eine V25 von knapp 400 Metersekunden erteilt; die mittlere Erhebung der 100-Meter-Flugbahn beträgt rechnerisch zirka 9 Zentimeter, praktisch aber wahrscheinlich viel mehr, denn das sehr leichte Blei erleidet natürlich infolge geringer Querschnittsbelastung eine sehr rasche Geschwindigkeitseinbuße – und mit dieser Patrone, mit diesen „Ziffern" im Laufe schießt man seelenruhig nach sehr kleinen Zielen, wo doch die berühmte Rasanz erst recht in Geltung tritt. Und man – trifft! ... Ganz zu schweigen von der 22 short, long und longrifle mit ihren schon mehr als krummen Flugbahnen! (Ich selbst führe in Schonzeitgewehren allerdings schon seit Jahren die 32/20 WZ – 7,6 Millimeter –, weil der weitere Lauf leichter reinzuhalten ist und die Munition sich praktisch besser bewährt.)

Daß man zum sicheren Treffen kleinerer Ziele, kleineren Wildes durchaus nicht unbedingt hoher Geschwindigkeiten bedarf, lehrte mich der jagdliche Alltag; denn wie oft habe ich auf stiller Bergtreibjagd im Schnee den weit vorausshoppelnden Rammler von der Talsohle aus mit dem Stumpfgeschoß des 9,3/72-Drillings sauber umgelegt! ... Wie manche dreiste Krähe habe ich mit der beschriebenen Büchsflinte, mit anderen, ähnlichen Waffen weggeputzt, auf 120, auf 150 Schritte! ... Ich muß allerdings erwähnen, daß der Schöpfer mich mit äußerst feinem Distanzgefühl und Indianeraugen ausgestattet hat. Ich schätze Distanzen nicht erst, sie sind mir bewußt, und ebenso bewußt = unbewußt paßt das Auge die Visierung, die Fülle des stets sehr feinen Korns in der Kimme der geahnten Entfernung an.

Ich verfeuere aus der beschriebenen Büchsflinte übrigens noch eine zweite Ladung: ein Papierführungsgeschoß (nichtdeutscher Herkunft) mit Haslocher Scheibenpulver. Diese Ladung ergibt zirka 560 Metersekunden und eine mittlere Erhebung der 100-Meter-Flugbahn von etwa 4,5 Zentimeter. Ich bediene mich dieser Ladung aber nur zu weiten Ausnahmeschüssen; das Standvisier hat dann Punktschuß auf 160, 170 Schritt, die Klappe Visierschuß auf 240, 250 Schritt. Die Streuung ist eine noch engere als beim gewöhnlichen Bleigeschoß, 6 Zentimeter allerhöchstens. Freilich bedürfen Papiermantelgeschosse einer gewissen Pflege und Schonung. In Fällen weiter Schüsse bleibt ja gewöhnlich Zeit zum Auswechseln der Patrone.

Die Gruppe der Weichmantelgeschosse – Papierführungs- und Kupfermantelgeschosse, zu denen auch das Rationellgeschoß gehört – möchte ich überhaupt von den vorstehenden Ausführungen ausnehmen, sofern Geschwindigkeiten von 560, höchstens 600 Metersekunden nicht überschritten werden. Bei kräftigeren Ladungen und höherem Gasdruck fängt das Leid der Ausbrennungen und Abschmelzungen des Geschoßmantels wieder an. Voraussetzung zu wirksamer Ausnutzung solch mittlerer Geschwindigkeiten ist allerdings ein langer, freiliegender, abgeplatteter Bleikopf. Das Rationellgeschoß ist in dieser Beziehung mustergültig konstruiert; es wird nie versagen. Auch Thieme & Schlegelmilch, Suhl, führten seinerzeit (ob noch gegenwärtig?) ein gutes Kupfermantelgeschoß mit langem Bleikopf. Die meisten Kupfermantelgeschosse besitzen aber zu langen Mantel; daher gelegentliche Klagen über geringe Wirkung. Unter 9,3 Millimeter möchte ich übrigens nie heruntergehen, auch wenn es nur dem Bocke gilt.

3.
Falco peregrinus[19]. – Andreas Pechbart. – Der große Rjäbotzk.

Ich blieb in Obor bis über den Kleinfrauentag hinaus, und erlegte nach und nach, in Abständen von je Wochenfrist, noch drei Böcke, einen sehr guten, einen schon sehr guten und einen wirklich kapitalen. Dieser war der letzte.

Dem Leser bange nicht; ich werde ihn nicht mit ausführlichen Berichten über jeden einzelnen Birschgang langweilen. Erlen, Bruch, Eichen, Sumpf und Moor, bald schwermütig graunebeltriefende, bald herbstblau birkendurchleuchtende Tage– das ist das Bild, das mir geblieben. Dazu die allgemach rüstenden Störche und Schwalben, wehmütige Lieder im hereindämmernden Spätsommerabend, die Silhouetten der alten Schäfer auf stillen Heidehügeln, schöne Frauen und Mädchen am Brunnen, tiefeinsame Goldgrünstunden in Waldes spechtpochendem Nachmittag – und nach jedem Bocke meines guten Adam zuversichtlich bestätigendes: „Aber ja, bitte – Böcke sind da, bitte … “

Den sehr guten Bock schoß ich mühe- und verdienstlos bei einem Erkundungsgang in die inneren Tiefen „meines“ Reviers. Es roch da irgendwie nach Rehwild; es gab Fegebäume und alte Plätzstellen; und plötzlich stand der Bock da im leisen grauen Frühregen, und starrte mich auf zwanzig Schritte verwundert an. Hielt aus, bis ich die Büchsflinte von der Achsel hatte; hielt das Aufknacken des Hahnes aus; hielt den schwarzen Blick der Läufe aus – und erhielt gerade im Abspringen die Kugel durch die Blätter, die ihn lang in die Brombeeren warf. Die Krone, von normaler Durchschnittsform und blank besproßt, ist sehr dicht geperlt und besitzt sehr starke, wulstige Rosen – ein starkes Gehörn

19 Wanderfalke

eben, 23 Zentimeter hoch, ohne weitere Besonderheiten. Der Bock, reichlich fünfjährig, wog 54 Pfund.

Dem schon sehr guten Bock widmete ich eine ganze Anzahl von Sitzungen. Ich kannte ihn nicht, ich vermutete ihn nur, denn er hatte am Saume eines sumpfigen Wiesenschlundes stark gefegt und mich auch einmal aus der Tiefe dunstender Erlen mit grobem Basse begrüßt. Der Wiesenschlund war krumm wie das goldene Horn[20] oder der verdächtige Wurmfortsatz des Blinddarmes; man konnte ihn eigentlich von keiner Stelle aus vollkommen übersehen, und ich versuchte mein Heil bald oben, bald unten. Hier und da trat eine mir schon nachgerade wohlbekannte alte Ricke mit zwei Kitzen aus, einmal schnürte ein Fuchs eilig und leise über die engste Würgung der Kehle – – sonst zogen nur Störche hoch oben über die späte, verklärte Sommerstille, der hellgeflammte Schreiadler schwebte breit im leuchtenden Abend, die Spechte hämmerten, das Herz im Menschen pochte, die Uhr, die all unserer menschlichen Dinge Stunden weist – – – Gottesfriede, fallende Blätter, frühe Schatten, Jahreszeit …

Ja, und hier saß der grimme Mensch, mit seinem Herzen aus Feuerstein, saß hier, ein Geschöpf Gottes zu töten, warum? … Der Ahnen Not, der Enkel Lust, tief eingewachsener, unveräußerlicher Wildtrieb, wozu? … Wir werden's nicht ergründen. Einmal wird die Erde ein in steinerner Wüstenglut, in schauriger Weltallnacht erstarrter Felsmond sein, Mensch, Tier, Pflanze, alles wird gelebt haben – wozu? … Wir werden's auch nicht ergründen.

Aus dem blutigen Fleischjäger von einst, aus dem prunkhaften Massenjäger von vorgestern ist ein – Sammler geworden: ein Sammler von Zahlen und Ziffern, ein Sammler von Exemplaren, ein Sammler von Stimmungen und Erinnerungen. Besser immer noch ein Sammler als ein unersättlicher, geschmackloser – – Häufer. –

---

20 Istanbul, Bosporus-Bucht

Eines Abends oder vielmehr Nachmittags hatte ich mich ganz oben im Schluß des Wiesenschlundes angesetzt. Nichts zeigte sich, es war warm, die Stechmücken des Sumpfes sirrten, Spechte hämmerten … Plötzlich ein Sausen, ein Schatten, ein eiliges Davonhasten erschrockener Grausittiche: – zu spät, der Mensch schoß, zu spät, der Mensch traf. Ein schwerer Vogel schlug in goldgrün vespernden Wiesengrund herab, ein Mörder sah ins Brechen und Verlöschen der unversöhnlich stolzen Glutaugen seines Opfers …

„Wir haben etwas Unbesonnenes getan, indem wir, ohne einen anderen Zweck als den der Befriedigung unserer Eitelkeit, einen Mord begingen. Wir sollten wissen, zu welcher Zeit man Feuerwaffen gebrauchen darf und nicht bloß, wie sie gebraucht werden sollen. Welch ein elendes Ding ist es doch um die Macht, wenn man nicht weiß, wie man sie benutzen muß … “

Wo stehen diese Worte? In einem der ganz großen Bücher der Weltliteratur, in einer der schönsten Dichtungen, die je geschrieben worden, wenn sie auch nach und nach zum Knabenbuche verstümmelt und verstümpert wurde; – in Coopers Lederstrumpferzählungen, dem großen Epos, Ilias und Odyssee der Wildnis und ihres Menschen …

Jeder rechte, jeder einsame, nachdenkliche Jäger sollte dies Buch der Bücher jährlich einmal lesen, an Herbstabenden, wenn draußen im rauschenden Regen das Laub fällt, in Tiefe der Winternächte, wenn in heiliger Schneestille das holde Geheimnis der Verjüngung an unschuldiger Natur geschieht oder der Hackelberndt im Sturm über First und Rauchfang reitet …

Aber nicht in einer der zahlreichen Stumpf- und Schundausgaben der „reiferen Jugend“ darf man dies Meisterwerk genießen, sondern im breiten, wenn schon übersetzten Original, in einer getreuen, vom Miterleben eines Dichters beseelten Verdeutschung, die keinen Tropfen des epischen Flusses zurückhält und jeder von dessen zahlreichen Windungen geduldig folgt. Dies Buch des Jägers, dies Buch vom Jäger – und wie wenige kennen es?

Tier du, das wir Vogel, Vogel du, den wir Wanderfalk nennen, armer Peregrinus du, mit deinen schieferblauen Schwingen, auf denen der Duft nun erblindet, mit den Herzrunen auf deiner weißen Brust und den dunklen Mondzeichen auf rötlichem Unterflaum, und der Greifwehr, die sich nach Verzittern des Todeskampfes wie zu kalter Faust schließt: – und dich hat kartoffeldumpfer Volksverstand einen Schädling geheißen, weil du ein paar Drosseln, Hühner, Häslein geschlagen, die das Menschvieh selbst hören oder, die Hauptsache, fressen wollte! … Hättest du aber Mäuse, kleine, zierliche Mäuse gefangen, Mäuse, die den Fraß des Menschenviehs gefährden, weil sie selbst nach des Schöpfers Willen auch leben wollen und müssen – hättest du vor aller Welt bloß Mäuse und Kerfe gejagt und vertilgt, wie heilig stündest du da vor dem Angesichte des Menschen, deines Richters! … Siehe den Storch auf dem Felde, er fängt bloß Mäuse, Frösche und Echsen, wie kleidet ihn herrlich seine Tugend! … Siehe den Bussard auf dem Grenzstein, er nähret sich nur von Mäusen, die dem Menschen ein Ärgernis sind, hat ein gutes Bürgergewissen und wartet darauf, daß du etwas für ihn abwirfst! … Armer Peregrinus, kühner, wandernder, großmütiger Jäger, was hast du für nützlich gehalten und was für schädlich? … Und wäre dir die Macht der Entscheidung gegeben, was dann? … Was ist nützlich? Was den Bauch füllt und damit den Kitzelnerv lebendig erhält. Was ist schädlich? Was den eigenen Bauch gefährdet. Geschichte der organischen Schöpfung: Kriegsgeschichte der Bäuche … Armer Peregrinus, deinesgleichen ist wert des Lebens und der Sonne und aller Rechte der Kraft und Schönheit; aber deinesgleichen ist in der Minderheit und wird als schädlich totgeschossen. Es gibt mehr Kartoffeln als Arven; mehr Krähen und Hühner als Falken … Wir gehören irgendwie zusammen, du, Peregrinus, und ich.

Der schnöde Schuß hatte so häßlich im Spätsommerwalde geknallt; alle guten Geister flohen bang in die Dunsttiefen der dunklen Erlen. Mir war, als dürfte heute kein Wild mehr austreten auf den entweihten Grund; als müßten die Genien[21] es bewachen und bewahren vor seines Feindes lauernder Nähe. Aber wie lange, so schloß sich die Stille wieder über der Wunde, die der Schall gerissen; die Natur ist versöhnlich, das Leben groß wie der unaufhaltsame Ozean. Die Spechte hämmerten; der Schlangenadler schrie; und über den sinnenden Jäger und seine Beute, über Mörder und Opfer strömte die Zeit von Ewigkeit zu Ewigkeit.

Es war spät geworden. Tag verlosch, brauner Abend hinter Wipfeln, blauer Aushauch dämmernder Wiese, die kühlen Erlengespenster woben, bitterer Sumpfduft, Schauer und Eulenruf. Der Jäger stand auf; der Hund windete aufmerksam die Graslichtung hinab und trat dann bescheiden wedelnd hinter den Herrn zurück. Heimweg, einsamer Heimweg im nachtenden Moorwald; wie anders auf den reinen, mondbeglänzten Höhen der Heimat, umsponnen von Nachtschwalben, umflüstert vom Schilf reifenden Maises, darin der Bergdachs bricht, umweht vom Atem warmer Traubenhänge, über denen im Pfirsichbaum die kleine Windmühle bald aufgeregt klappert, bald im Traume hölzern vertropft. Aber dort stand ja ein Schemen im dünnen Fiebernebel, ein riesiges Tier, ein gespenstiges Reh! Geisterstill äst es sich in Tau und Dunst, und ganz dicht und dunkel drängt sich's über seine Stirne. Da greift der kleine, unersättliche Schöpfungsgott nach seinem Blitz, da erhebt er den tödlichen Menschenstrahl, da greift um das Korn die Kimme, da ballt sich schweifender Wunsch zum Willen, da schleudert er den heißen Donnerkeil nach seinem Opfer. Der Abend zerreißt, Nebelnymphen versinken im Widerhall, das Schemen drüben verschattet und ist verschwunden. Und dann steht der gefleckte Hund, der Hauswolf des klei-

21 Schöpfungsgeister

nen Gottes, über einem dunklen Hügel im Dämmergras; und dann tastet eine Hand aus dem Leben in den Tod hinab.

Krieg ist der Vater aller Dinge[22]; Jagd, seine Schwester, die Mutter; was können wir Söhne dafür?

Kalte Prosa, zu der schließlich alles gerinnt, verknöcherte Tatsache: es war der „schon sehr gute" Bock. Das arge getreue Blei hatte ihm das Herz mitten zersprengt; gebe der große Geist mir dereinst den Jäger, der solchen Schuß zielt! Die Krone war und ist wirklich eine „Krone"; es gibt Spindelgehörne, die diese Bezeichnung nicht verdienen. Nicht eben hoch, aber harmonisch ausgelegt, die starken, tiefdunklen Stangen dicht und derbschauflig geperlt, die Rosen bei einem Gesamtumfang von 24 Zentimeter schon mächtig zu nennen, die Sprossen blitzblank, die Kampfenden sehr tief angesetzt und je 10 Zentimeter lang, das ganze Gebilde von vollendeter Regelmäßigkeit – welch ein kurioses Geschöpf ist doch der Sammler! Da wir schon Zahlen schinden: der Bock wog mit dem starken Kopfschmuck 57 Pfund. Ich spürte ihn auf der Achsel; ein gewöhnlicher Rucksack nimmt solches Wild nicht auf.

Und dann Heimweg, der dumpfrote Mond aus brauendem Sumpfhauch, Nebelfrauen auf Kreuzwegen, fernes Hundegebell. Und dann Laternenschein im Hofe, und Wägen und Sägen und Tasten und Rasten und Tee und läuternder Schlaf. –

Eines Tages kam ein Mann zu mir und erklärte mir in einem Deutsch, das immer noch weit besser war als mein bestes Polnisch, er wisse um einen „großen Rjäbotzk". So sprach der Wackere das Wort nach Analogien seiner Muttersprache aus, und das ist ihm nicht zu verargen. Es ist ja bekannt, wie einst ein braver deutscher Richter die Parteien eines Prozesses der Grafen Lacki gegen die Potocki – sprich Woanski und Pototzki – ausrief: ich bitte die Geladenen in Sachen Lacki gegen Potocki – worauf von den wirklich An-

22 Zitat Heraklit

wesenden sich niemand meldete. Es hat eben jeder Mensch seine Sehnsucht und jedes Volk seine Sprache, und solange wir seelenruhig Klemangkßoh[23] sagen und die Preußen den alten Lloyd George „Jeorje“ nennen, dürfen wir auch einem einfachen Polacken seinen Rjäbotzk ruhig verstatten – besonders wenn er es damit nicht allzuschlecht meint. Der Mann ahnte wirklich nichts von Oberschlesien und Danzig.

Mein neuer Freund hatte einen schwarzen Pechbart und eine merkwürdig hohle Hand. Er sah mir ganz danach aus, als wäre er gegebenenfalls imstande, einen „großen Rjäbotzk“ selbst zu schießen und zu verspeisen. Ich befolgte also nicht das Beispiel des Scheffelschen Pumpus von Perusia[24], „starr zu schauen und nichts zu geben“, sondern ich öffnete vielmehr meine milde Rechte, worauf sich die des Pechbartes gleich einer fleischfressenden Droseracee[25] wieder schloß. Wir verabredeten einen gemeinsamen Gang und traten diesen noch am selben Nachmittage an.

Der Standort des großen Rjäbotzk erwies sich als ein aus Birken und Erlen gemischtes Stangenholz nebst dahinter liegenden Stockschlägen, und ein vorliegendes kleines „Moos“, d. h. ein etwa fünf- oder sechsjähriger Birkenhau, der nicht wieder aufgeforstet worden. Der Pechbart, aus dem ich mit Hilfe der Gebärdenweltsprache und des südslawischen Vetteridioms den schönen Namen Andreas .. rsz .. scz .. ski herausgefragt, hatte hier neuerlich geholzt – Birkenstämme lagen noch da und dort – und bei dieser Tätigkeit den großen Rjäbotzk mehrmals gesehen. Genauere Untersuchung lieferte unzweifelhafte Beweise für die Glaubwürdigkeit meines hohlhändigen Andreas .. rsz .. scz .. ski, denn in Naßgallen fanden sich zahlreiche, darunter ziemlich frische, Rehfährten; auf dem Hau wie drüben im dichten Stangenholz war eifrig gefegt und geplätzt worden,

---

23 Clemenceau
24 Scherzgedicht von Joseph Viktor v. Scheffel
25 fleischfressende Pflanze

und außerdem sah die Örtlichkeit überzeugend nach Rjäbotzk aus: man bekommt ein Gefühl dafür.

Andreas Pechbart empfahl sich mit einer Prise Zigarettentabak in der neuerlich geöffneten und geschlossenen Droseraceenhand, und ich machte mir's auf einem der halb im diesseitigen Mittelholz liegenden Birkenstämme heimisch, gedeckt durch einen Wacholderbusch.

Kurz vor Sonnenuntergang traten bald hintereinander zwei Ricken aus, die eine wohl gelt, die andere noch zwischen Braut und Mutter. Das war alles für heute. Und doch schien es mir beim Aufbruch, als stehle sich drüben etwas durch die Stangen davon. Hoffentlich nicht Freund Andreas; Pechbärte können in der Dämmerung ganz gefährlich aussehen, und ein kleiner Mord ist schließlich auch noch etwas Menschliches ...

Der nächste Tag war das Fest Mariä Geburt; zu Ehren der schwarzen Muttergottes von Czenstochau, der kläglich geschändeten, ließ ich die Jagd am Morgen ruhen. Wenn ein Volk noch etwas wie Religion hat, soll man die Pflicht des Gastes wahren und sich dankbar freuen ... Goldene Glocken läuteten unter seidenblauem Himmel, die Luft war honigwarm, die sonst schwermütige Landschaft voll hellen, frommen Lebens: weiß und rot in sonnendunstender Weite ... Die scheidenden Schwalben schwammen im schwingenden Hall, diese ganze herbstleuchtende Welt eine Monstranz, in deren Strahlenfächermitte das Geheimnis des fleischgewordenen Wortes, das mystische Opferbrot; und darüber thronte in Chören der Engel, die blasse Mondsichel unter den Füßen, die allerseligste Jungfrau, der Menschheit Mutter, des großen unverbesserlichen Faust Genius und Fürbitterin. Wird ja behauptet, unseres Magisters Urbild sei eigentlich ein gelahrter Pole und zu Krakau aller Fakultäten Doktor gewesen; habe alsdann die Welt und alle ihre Abgründe durchstreift, bis ihm der Teufel den verschriebenen Hals in der Pelzschaube umgedreht. Und war, muß ich melden, unter den weißroten, blankgezopften, tanzbestiefelten

Kirchgängerinnen manche, der man hätte für kurze Weil Arm und Geleit antragen mögen. Und seltsam, im schwingenden Schwall des Sonnenglockengeläuts dröhnte doch schon etwas wie Mazurkatakt, und im großen Endspiel des vollen Orgelwerks jauchzte schon etwas wie Krakowiak[26], und bunte Honigkuchen dufteten und brauner Met, Störche kreisten segnend über den lindendurchgrünten Firsten, und vom Weiher giggackten die klugen Gänse zum hohen Keilflug der glücklichen, wilden Schwestern hinauf …

Die Büchsflinte blieb auch nachmittags an ihrem Riegel hangen und wartete bis zum Abend vergeblich des Meisters, daß er sie an seine Herzseite lege; Trick langweilte sich – aber die historischen Kenntnisse von Jagello bis Kocsiusko[27], von Samo[28] bis Chopin mußten wieder einmal aufgefrischt, mußten am Bilde erfühlt werden. – –

Die Nacht war kühl, die warme Erde dunstete; ein grauer Morgen schauerte herauf.

Ich saß fröstlich im Rieselnebel auf meinem Birkenstamm hinterm Wacholder; alles war seltsam groß, fremd und unheimlich. Tropfenfall tappte im Holz, einmal strich niedrig ein Habicht über die Lichtung, grauer Tod in grauer Einsamkeit. Gegen die achte Stunde hin klärte sich's zögernd; wässerige Sonne rundete sich blaß aus brauendem Dampf. Jetzt pfeift im Holunder der Heimatberge der streitbare Haselhahn, die goldgrünen Birnen dumpfen regenschwer ins späte Gras, milchreif der Mais, von Bienen kochend des Buchweizens Blüte, bald fallen berstend die ersten lieben Kastanien. Um solche Zeit wurden die Koffer gepackt, ein Tag schwermütiger und letzter als der andere, noch eine kleine verfrühte Hasenjagd, während Mutter mit großer Hornbrille daheim die Wäschestapel durchsah und die Schmerzenskuchen im Freßkorb barg. Abschied von der

---

26 Tanz

27 polnische Adelige

28 erster namentlich bekannter Herrscher eines slawischen Reichs im 7. Jahrhundert

einläufigen Flinte mit dem Rosendamastlauf, Abschied von den Geweihen in gewölbter Halle, dem gewaltigen Vierzehnender auf geschnitztem Rokokokopf, den sagenhaften Hauptgehörnen, die des alten Michel Holzer Namen unsterblich gemacht. Abschied von den breiten zinnernen Sauermilchschüsseln und ihrem kleinfingerdicken Rahm, Abschied von den trauernden fuchsroten Bracken, Abschied von Hedra, der windschnellen Schimmelstute, von Ali, dem kleinen bosnischen Paßgänger, Abschied, Abschied von allem. Und dann, eines Morgens, als drunten im Nebel des Schloßhofes schon die großen Fässer wiegend und walgend auf dem Knirschkies dröhnten und das Blutlaub des Wildweins in tränennasser Stille fiel, bereift, gewitterwolkenblau die Isabellatraube hing, und aus dem Quadergewölb der Keller Erdgeruch der Frühkartoffeln hauchte – an solchem Morgen Dumpfrolldonner des Zugbrückenstegs, der gelbe Strapazwagen mit den ausgemusterten Militärbraunen, der bärtige Kutscher Stefan, die weinende Ursula, des Herdes Hüterin, in weißer Schürze, darauf ein eiliger Fünffingerabstrich Schmalz. Und dann hinaus, Zugbrückendonner, riesige Nebeltannen, in deren Tiefe der letzte Häher rief, Nebelfahrt an Nebelbergen dem Nebelflusse entlang. Grauwasser im Nebel, Fähre im Nebel, Auen im Nebel, kleine Bahnstadt im Nebel, gelbe Roßkastanien im Nebel, Station im Nebel, Schienen im Nebel, Glockentriller, Weißdampf, eiserne Wagenflucht, Kuß, Kreuz auf die Stirne, Qualm in entfliehenden Brachen, alles vorbei. Und dann, wenn daheim in den Schluchten der Haselhahn pfiff und der alte Bock auf dem Breitenstein seiner gelockerten Stangen überdrüssig zu werden anhub – wenn das Butterfaß rollte und die roten Kühe nach dem Öhmd im breiten Herbsttale weideten – dann: Arma virumque cano Troiae qui primus ab oris. Urbem Romam a principio reges habuere[29]. Hypo men

29 Zitate von Vergil und Tacitus: „Waffen besing ich und ihn, der zuerst von Trojas Gestaden kam.“ „Rom stand am Anfang unter der Herrschaft von Königen.“

untes, o andres Athenaioi[30] … Die engere Bekanntschaft mit Schiller bedeutete für Goethe den Beginn einer neuen Schaffensperiode … und die Formel aller Formeln, die dem Schüler so viel zu schaffen gemacht, dem Jäger so viel zu denken gegeben:

$y^2 = 2\ px$.

$y^2 = 2\ px$. Die Formel der Parabel, der Wurfkurve, der Willenskurve, der Todeskurve, der Projektion menschlicher Schutz- und Trutznot, ob Handstein des affenbleckenden Höhlenhalbtiers oder S-Geschoß aus dem Jahre 1914 nach des Liebekünders Jesus Christus Geburt …

$y^2 = 2\ px$ … Ich fand an diesem nachdenklichen Morgen keine Gelegenheit zu ferneren Betrachtungen über dies Gleichnis; die Sonne kam, die alte Ricke kam, ein flüchtiger Sperber kam, ein großes Wiesel kam, aber das Ziel meiner inwendigen Wurfkurve kam nicht. Kam auch nicht am klaren, kühlen Abend; kam auch nicht am nächsten Nebeltag; kam auch nicht in dessen grauem Herbstverlöschen. Und nun saß ich zum sechsten Male auf meinem Birkenstamm hinterm Wacholder, und rings um uns, Hund, Waffe, Jäger, tropfte und triefte, wallte und wob die schauernde Frühe. Gestalten in Dunst, wachsend und schwindend, steigend und sinkend, Schein und Schatten: – was anderes ist das Leben? –

Wieder zu bestimmter Stunde quoll die Wassersonne gasig aus dem Dampf; es war nicht warm und doch seltsam schwül. Bald darauf trat das Schmalreh aus, wenig später die alte Ricke. Vertraut ästen sie sich hin und her über den dunstglitzernden Birkenschlag, sträubten und leckten sich, schlugen nach den erwachenden Herbstfliegen, spielten ein klein wenig Nachbrunft und Wachsamkeit und vertieften sich kopfschüttelnd wieder ins alltägliche Gras. Sollte das alles sein? Vielleicht lebte der große Rjäbotzk überhaupt längst nicht mehr. Vielleicht saß irgendwo mein wackerer

30 Zitat in Altgriechisch: „Männer von Athen, ich habe mich entschieden …“

Andreas … rsz … scz … ski hinterm Schnjaps und lachte sich Tränen in den Pechbart … Vielleicht auch hatte er eine der Ricken für einen großen Rjäbotzk angesehen, verblendet von den Geistern inwendigen Nebels, von jenem großen Geiste, der die Söhne des weißen Adlers immer wieder über die Teilungen ihrer Heimat getröstet … Wohl an die drei Viertelstunden schon hatte ich die beiden besseren Hälften oder Drittel des großen Unbekannten beobachtet: da, siehe, warf die Alte lässig, die Junge erregt auf, beide äugten nach dem Stangenholz. Die Matrone senkte wieder das Haupt, die junge Frau aber stellte sich spitz hin mit gesteilten Lauschern, und gleichzeitig sahen die Linsen des ausgezeichneten kleinen Glases etwas wie ein sehr starkes Reh drüben durch die Erlen und Birken schleichen.

Jetzt blieb jenes etwas stehen und sicherte seinerseits herüber. Eben das Haupt war frei, ein Stück Hals mit Blatt, ein Streifen Fläme, ein klein wenig Keule: – und über diesem Haupte dämmerte es hell, wie matte, schmale Christkerzenflammen … Der große Rjäbotzk!

Die Erscheinung blieb unbeweglich. Er hatte doch etwas gemerkt; er hatte vielleicht schon einmal den Menschen in seiner Bosheit kennengelernt, Blitz und Blei prasseln gehört oder gar gefühlt. Ich mußte mich entschließen. Die Entfernung war groß, das Ziel klein. Rasch wechselte ich die Patrone gegen eine solche mit papierumpflasterter Fernkugel. Hundertsiebzig, hundertachtzig Schritt, das ist nicht wenig, das ist viel, wenn es gilt, einen Fleck von Größe eines Sommerlindenblattes verläßlich zu treffen. Ich zielte sehr sorgfältig; ein junger Birkenstamm des Nachwuchses diente zum Anstrich. Im Knall war die Erscheinung verschwunden. Die Ricken starrten mich stockenden Herzens an; dann stoben sie mit gesträubten Spiegeln auseinander. Ich schritt die Entfernung ab. Beim hundertsechzigsten Schritte, am jenseitigen Rande der Lichtung, sah ich es rot auf lederbrauner Laubstreu liegen. „Trick“ durfte vorauseilen; ich zählte die Gänge mit gemachter Gründlichkeit aus. „Trick“, nicht

Verbeller, sondern Verweiser, wedelte sich die Rute wund vor Ungeduld und Mitfreude. Hundertsiebenundsiebzig! Der „große Rjäbotzk“ war im Schall verendet; das Blei hatte hinterm Halsansatz Blätter und Rückgrat durchschlagen. Die Krone: Himmelherrgott!

Sie verdiente einen langen Bruch und eine lange Andacht. Breit ausgeschwungen, genau einen Viertelmeter hoch – wie das klingt! Und sind doch nur 25 Zentimeter – und 20 Zentimeter ausgelegt, die gewaltigen Rosenwülste, schon leise abgedacht, 18 und 19 im Einzel-, 27 Zentimeter im gesamten Umfang, die Perlung schroff auf hohen, hellen Leisten – aber die Enden, freilich, könnten besser sein und waren bestimmt schon einmal weit länger gewesen. Denn der Bock trug sicherlich sein siebentes oder achtes Gehörn, nach den verschliffenen Zähnen und den ungeheuren, kurzen Stirnzapfen zu schließen. Er hatte schon leise zurückzusetzen begonnen; er war ein guter Fünfziger. Mit dem Gehörn wog er genau 60 Pfund. Der Heimweg im dampfwarmen Vormittag wurde mir heiß. „Aber ja, bitte, Böcke sind ja da, bitte“, sagte Förster Adam, als ich ihm die Beute vorlegte, ohne daß er deren Krone besonderer Beachtung würdigte. Ich muß gestehen, daß mein trefflicher Andreas … rsz … scz … ski, als er bald nachher, von untrüglicher innerer Stimme gerufen, auf den Hof kam, dem Gehörn eine verdächtig gründlichere und fachmännischere Untersuchung widmete. „Große Rjäbotzk, ist große Rjäbotzk …“ murmelte er immer wieder in seinen Pechbart; und dann erschloß sich zuwartend die gleichfalls nicht kleine Droseraceenhand …

Andreas … rsz … scz … ski trjank an diesem Abend manchen Schnjaps auf die Gesundheit des Jägers und den nutzbringenden Tod eines anderen Mitgeschöpfes; ich zog meine Schnallen zu und reiste mit den Störchen und Schwalben ab.

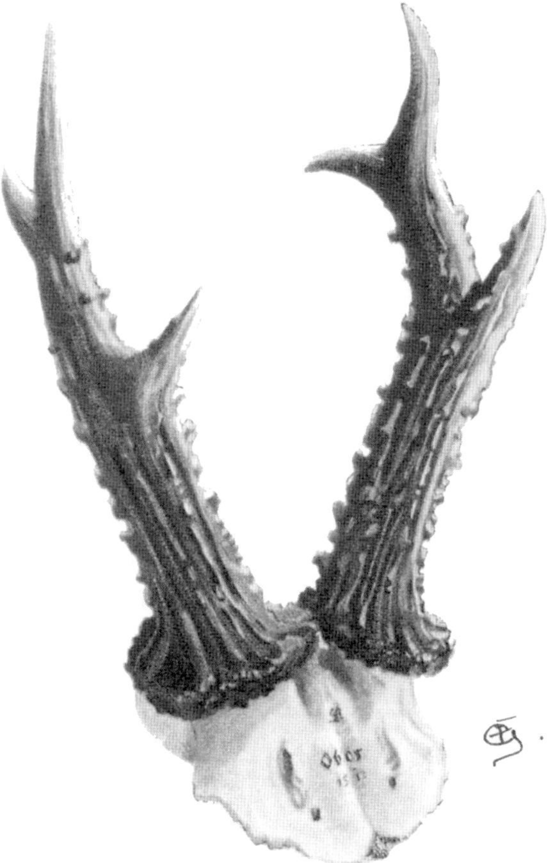

Der „große Rjäbotzk .

8.
Der echte Demetrius[31]. – Dammbruch. – Letzte Taten und Abschied.

Peter-Pauli, ein warmer, heißblauer Tag. Übermorgen würden sie die Waldwiesen unter die Sense nehmen … Aber schon stand ein anderer Schnitter riesengroß über der Völkerflur und wetzte seinen Mähestahl …

Ernte hatte begonnen; drunten in Sarajewo[32] klang der Hippe erster Hieb. –

Ich war lange draußen geblieben, hatte gebirscht und geharrt, gespürt und gefahndet, vergeblich. Nicht einmal der Perückenbock war sichtbar. Im Hochholz stand das Schmalreh; frische Fegestellen und Plätzungen bewiesen unwiderleglich geheimnisvolle Anwesenheit. Ein Perückenbock aber fegt nicht, und ein Bastbock reißt nicht Späne von splitterndem Splint. Ich verfolgte den Wechsel tief hinein in den Bestand, bis an einen unsichtigen Erlenschlag. Betten überall, gefegt und geschlagen an jedem dritten Jungstämmchen. Ich nahm mir vor, den großen Unbekannten nach alter Weise im raumen Walde selbst zu erwarten. Einmal würde er kommen, einmal mußte er unter Visier, wär nicht schlecht, ersitzen kann man den gerissensten Urian, Kronenhirsch oder Bock.

Als ich spät im Vormittag heimkehrte, erfuhr ich, welch hohes Wild auf der Strecke lag. – – –

Drunten in der blendweißen Hitze von Sarajevo, drunten im Lande der Geier und Bären, drunten in den Schicksalsbergen …

Ich glaubte es zunächst nicht. Ich stand starr. Irgendeine kleine Unstimmigkeit, irgendeine kleine Balkanmine, bis Oborzany wird gleich ein Doppelmord daraus.

---

31 Anspielung auf die russische Geschichte des 16. Jahrhunderts

32 Ermordung von Franz Ferdinand und seiner Gemahlin am 28. Juni 1914

Aber die Nachrichten jagten Bestätigung auf Bestätigung herein. Und merkwürdig: gerade diese Kunde gelangte wie Offenbarung einer ungeheuren, furchtbaren Allgegenwart in dies weltvergessene, lindendurchblühte Sarmatennest! In weniger als vierundzwanzig Stunden! ... Dombrowa hatte ja wohl so etwas wie eine Post; Oborzany nicht.

Trotzdem: Nicht zu glauben!

Und doch sprach eine Stimme tief im Unbewußten: Es ist wahr! ... Es ist geschehen! ... Das ist der Krieg!

Als ich nachmittags hinausging, war ich wie vernebelt. Der Thronfolger ist tot – was nun? Ja, das war der Krieg. Das war Dammbruch.

Wenigen sympathisch, ein kalter, grausamer Jäger, ein harter, rücksichtsloser, unbedenklicher Mann. Aber das ist eben das Holz, aus dem die Großen, die Größten geschnitzt werden. Die Großen, die man fürchtet, die man haßt – und denen man hinterher doch die Namen des Ruhmes und rauher Tugenden verleiht ...

Ich sah ihn vor mir, in der großen Wiener Jagdausstellung, im schwedischen Pavillon. Generalsuniform, Hände in den Manteltaschen, die etwas fetten Hängewangen, der seltsam gedeckte, abwartende Blick. Kaum sah er nach den prachtvollen Trophäen, den Elchschaufeln, den auserlesen starken, unwahrscheinlich mächtigen Rehkronen. Er tat hier nur seine Pflicht; rühmliche Beute anderer Jäger liebte er nicht zu betrachten. Sein Neid war in ganz Österreich so bekannt wie seine Schießkunst. Er war der beste Schütze, aber auch der scheelste Weidmann der Monarchie: nicht zu vergleichen mit dem wählerischen, stilvollen, gastfreien, alten Herrn[33]. Als ein Este war der Thronfolger durchaus Renaissancemensch; er war es als Jäger, er wäre es als Herrscher geworden: kraftvoll bis zur Brutalität, selbstherrlich, ein furchtbarer und geschickter Macchiavellist[34]. Als Weidmann erinnerte er an die üppigen Fürsten des 16., 17. und

33 Kaiser Franz Joseph I.
34 jemand, der mit allen Mitteln Macht erlangen oder erhalten will

18. Jahrhunderts, denen die Masse alles war, die Einzelqualität nichts, – nur daß hier natürlich noch einige feinere Gifte modernen Jagdstils mit einsickerten. Als Charakter dagegen gemahnte Franz Ferdinand vielleicht am meisten an Tiberius[35], der vom römischen Hochadeligen alten, harten Zuschnitts durch viele, unsäglich bittere Zurücksetzungen und Enttäuschungen hindurch zum Cäsar, zum eisigen Menschenfeinde, zum kalten Wüstling geworden. In mehr als einer Hinsicht bestand viel Verwandtschaft, Wahl- und Wesensverwandtschaft, aber auch dementsprechend ebensoviel geheime Eifersucht zwischen Wilhelm II.[36] und seinem künftigen Herrn Bruder auf Österreich-Ungarns Thron; nur daß bei allem schuldigen Respekt Franz Ferdinand seinem hohen „Freunde“ unendlich überlegen war, schon weil er den menschlich glücklichen, an solcher Stelle aber höchst gefährlichen Optimismus Wilhelms II. nicht kannte. Kaiser Wilhelm II. gefiel sich in allem, was er tat: Franz Ferdinand tat alles, was ihm gefiel. Jener ließ sich bewundern und photographieren; dieser ließ sich ruhig hassen und haßte verdreifacht zurück. Ein Bewußtsein, wie Franz Ferdinand es unterm harten Herzen trug, hätte Wilhelm II. nicht eine Woche lang ertragen. Die Slawen wußten wohl, wen sie beseitigt; ihren furchtbarsten Freund, wie Talleyrand[37] es ausgedrückt haben würde, den Mann, der durch weitgehende, liberale Zugeständnisse an die Slawenstämme, ja durch Bevorzugung der österreichischen Slawen das Allslawentum selbst ins Herz treffen, entwaffnen und spalten wollte ... Nach einem uralten Rezept Macchiavellis.

Franz Ferdinand war also tot; und der ihn gemordet, hieß obendrein Prinzip[38]. Grausiger Witz der Weltgeschichte.

---

35 römischer Kaiser
36 deutscher Kaiser
37 französischer Minister
38 Gavrilo Princip

Das war Weltgeschichte: man fühlte es wie Anhauch von Flammenwind. Das war der Deichbruch. Das war der Krieg. – –

Mir war ganz benommen, benaut zumute, als ich im heißen, blauen Peter-Pauli-Nachmittag meine Wiesenbucht wieder erreichte. Kaum dachte ich an den Zweck meiner Wege und Bemühungen. Bock, Hirsch, und wenn's ein alaskischer Schaufler war – was bedeutete das alles noch? Der Hebeschuß gefallen, nun fing ein anderes Jagen an.

Ganz stumpfsinnig und vergeßlich setzte ich mich im birkenlichten Vorhölzchen an und starrte auf die quergelegte Büchsflinte herab. Serbien? Dann auch Rußland! Dann auch Frankreich! Im Winter 1908/09[39] war's ja schon soweit. Warum? Wegen der schwarzgefleckten serbischen Schweine, denen der österreichische Ackerbauminister die Auswanderung nach den Wiener und Pester Kühlhäusern gesperrt. Tatsache. Treppenwitz. Gut, die Schweine waren nur ein Vorwand. Aber sie waren gerade das, was den serbischen Landmann mehr interessierte als die Politik der gottverdammten Advokaten und das ganze Allslawentum, wovon er nichts verstand. Ob Habsburger, Obrenowitsch oder Karageorgewitsch[40] – haj, alles eins, wenn's nur gut geht, und man hat sein täglich Brot zum Speck! … Aber daß man nun die Schwarzgefleckten, die Pikatschi, nicht mehr in Semlin zu Markte bringen durfte, das war eine Gemeinheit von den Schwaben!

Das, Boga mi[41], überzeugte! Das mußte gerächt werden! … Und diese Überzeugung wurde in Uniformen gesteckt, diese Überzeugung wurde mit Teilmantelgeschossen geladen. So entsteht Volksbewußtsein …

Nach einiger Zeit besann ich mich darauf, daß ich ja den Unsichtbaren im Holze, irgendwo am Rande der Erlendickung, an seinem Fege- und Plätzwechsel, erwarten

---

39 Bosnienkrise, „Schweinekrieg"
40 serbische Herrscher
41 mein Gott!

wollte. Es war noch früh am Nachmittage. Ich stand auf und ging langsam und zerstreut zwischen den hainartig räumen, untergrasten Birken nach dem Grunde der Wiesenbucht hinüber.

Hier an einem armstarken Erlenschuß, und dort am Wacholder hatte der große Unbekannte wieder gefegt und geplätzt. Der abgespänte, zerschlissene Bast war fast noch frisch. Da ward ich auf das Gebaren des Hundes aufmerksam, der um ein weniges anzog und mit der Rute ganz leise gegen mein Knie klopfte. Wild, aber vielleicht nur ein Hase oder einer der – merkwürdigerweise – in diesen Waldwiesen nicht seltenen Wachtelkönige. In diesem Augenblicke sah ich ein Reh, einen Bock, einen Bock mit dicken, schwarzen Stangen, der keine dreißig Schritt vor mir im gilbenden Grase saß und mit schleiereulenhaft zusammengekniffenen Lichtern schlief. Leis nickte das kleine Haupt unter der schweren, knorrigen Krone. Die Umrisse des Leibes waren durch den Schleier von Halmen und Rispen kaum zu erkennen. Mitunter verschwand selbst der Kopf, und nur das Gehörn ragte und zackte noch dunkel über die blonden Ähren. Hier gab es keinen Zweifel; das war der große Unbekannte, der echte Demetrius – und für ein paar Minuten hatte ich Sarajevo und Europa vergessen.

Der Schuß nach sitzendem Wilde ist ja oft recht mißlich – hier wollte ich ihn doch wagen, denn gegen das berühmte An- und Auspfeifen habe ich, wie schon erwähnt, ein nicht unbegründetes Mißtrauen, und außerdem war die Entfernung so gering, daß ich den etwa schlecht geschossen aufspringenden Bock mit dem dicht deckenden Schrotlauf sofort und endgültig ins Gras werfen konnte. Überdies vertraute ich dem Strich und Schnitt meiner Kugel, und zu allem Überflusse vertauschte ich die Patrone mit gewöhnlichem Bleigeschoß gegen eine solche mit Papierführungsblei, das infolge hoher Auftreffgeschwindigkeit stark staucht. Außerdem gestattete die Rauchfreiheit des (Haslocher) Kornpulvers sofortige Nachhilfe. Ich spannte beide Hähne,

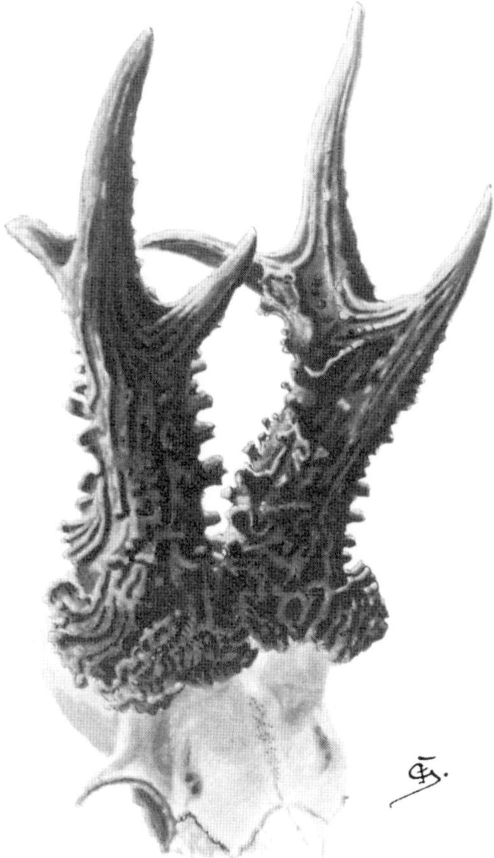

Der Hauptbock eines Jägerlebens.

trat noch um einen Schritt zur Seite, um Anstrich an einer Birke und vielleicht etwas freieres Ziel zu haben, trat dabei nicht auf das allbekannte dürre Reis – Sakrament, was für eine Krone! –, suchte mit ganz feinem Korn etwas wie einen Halsansatz, und dann halt in Gottes Namen!

Der Bock ward im Knall ein weniges in die Höhe geworfen und versank. Wieder eine Erwartung weniger!

Ich schickte Trick voraus. Die lächerliche Entfernung schritt ich gar nicht ab. Merkwürdig, die besten Böcke und Hirsche schießt man oft unrühmlich, entweder schlecht oder ganz unverhofft mit einer Stümperkugel.

Das Geschoß auf den Halsansatz, hart vor den Blättern hinein, jenseits durch die Rippen heraus, und glücklicherweise weiter keine metzgernde Schweinerei angerichtet. Die heute nicht taublanke Krone – Himmelsakerment, ja; da mußte man den Hut abnehmen.

Was der auf seinem kleinen Haupte trug, das war nimmer schön; ernstlich.

Den hatte ich in, ich weiß nicht wie vielen Dämmerstunden für einen Perückenbock gehalten, es ist zum Lachen; aber es ist auch zu entschuldigen. Alles zwischen den Lauschern so dickvoll, auf der Stirn solch ein unförmiger Wulst, und die hellen Enden nahm ich eben für ein klein wenig angefegt, wie das bei Perücken nicht selten vorkommt.

Um's kurz zu machen: der arme Teufel von Bock da – er wog nachher mit dem Gehörn nur 52 Pfund – trug genau die Krone, wie die meisten Jäger sie träumen, malen, begehren, lieben. Den meisten Beschauern gefällt sie denn auch weitaus am besten; das ist für sie „der“ Bock, der Schildbock sozusagen. Nicht so für mich. Denn was den meisten gefällt, ist in der Regel – Kitsch.

Die Stangen sind 25,5 und 26 Zentimeter sehnenhoch, 14 Zentimeter ausgelegt, haben 12 Zentimeter und unter der ersten Gabelung immer noch 11 Zentimeter Umfang, sind tief eichenbraun und ersticken unter aberhundert dicken, dichtgesäten Perlen; die Rosenwulste besitzen einen Umfang von 29 Zentimeter und stellenweise eine Höhe von 3 Zentimeter. Außerdem ist die rechte Stange die eines regelrechten Kreuzbockes. Drei oder vier Tage nach dem Aussieden und Reinigen wog die Krone mit normalem Oberschädelteil nahezu 600 Gramm; heute ist das Gewicht auf genau 1 Pfund zurückgegangen. Herr Muttermilch bot für das Stück großherzig zwei Rubelach. „Nu, soll es sain, weil's ä seltenes Stück is, und der Herr Graf hat's geschossen – drei Rubelach! ... Hab jachs?“ Er hatte es nicht und würde es nimmermehr „haben“. Das begriff er nicht.

Der Betrachter wird zugeben, daß man dieses Gehörn in Dämmer- und Wiesennebel recht wohl für eine Bastkrone oder eine Perücke halten konnte; die Stangen sind so unwahrscheinlich dick bis in die Sprossung hinauf. Die vergrößernde Perlung und die Rosenwulsten verstärkten noch diesen Eindruck. Dazu kommt, daß eben diese dicken Rosenkrausen nicht wie sonst bei Kapitalkronen hart auf den Schädel, sondern im Gegenteil hochgestielt auf verhältnismäßig sehr dünnen Stirnzapfen sitzen; sie lagen vollständig außer- und oberhalb der Decke. Das ist natürlich bei jedem Gehörn der Fall, aber „kurzgestielte“, d.h. auf kurzen, dicken Stirnzapfen knospende Rosen verschwinden wenigstens teilweise im Haar. Das traf hier nicht zu, und darum war der Kopf gar so voll. Ich bin geneigt, den Bock für recht jung, vierjährig, allerhöchstens fünfjährig zu halten, und der Zahnbefund bestätigte mir solche Annahme.

Hier möchte ich noch flüchtig eine Frage streifen, um die sich deutsche Jagdschriftsteller schon die unglaublichsten Grobheiten gesagt haben – ohne daß ich verstünde, wie man sich darüber gleich bis zu halber oder ganzer Ehrenkränkung erregen kann. Muttermörder und Falschmünzer fast haben sich die Herren darob genannt, Tinte spritzte und floß, unsäglich viel schönen, wohlfeilen Friedenspapiers ward darob zur Makulatur: und all diese Bereicherung deutscher Kulturgeschichte einzig um die Preisaufgabe, das Thema: „Wann trägt der Rehbock sein stärkstes Gehörn? ...

Wann erreicht er den Höhepunkt seiner Entwicklung und damit seines Zuchtwertes?“

Die kleine Frage ist darum wichtig, weil zur Erhaltung eines guten, gesunden Bestandes gute, gesunde, reife Vatertiere gehören. Das mag sich auch der jagende Bauer sagen: als Land- und Viehwirt muß er es ja wissen und begreifen.

Das Gehörn an sich wäre ja vollständig Nebensache, wäre es nicht eben sozusagen „das äußere Zeichen der inneren Gnade“, das Merkmal des allgemeinen Zustandes. Immer mit einigen Einschränkungen. Gemeinhin aber wird das zutreffen: Starke Kronen – gesundes Wild – günstige Revierverhältnisse – zusagende Äsung – naturgemäßes Zahlenverhältnis der Geschlechter. Dies alles mit vielen Varianten und kleinen Schwankungen. Was wir „Hege“ nennen, spricht da freilich noch gar nicht mit. Was ist „Hege“? Hege ist Pflege, Ausbildung und Erhaltung von Anlagen. Über diese Anlagen hätten wir hier zu sprechen. Kennzeichen der Anlagen ist aber in unserem Falle das Gehörn, die Blüte gleichsam des samenverstäubenden Baumes, und in diesem Sinne ist die Frage nach dem Hochblütejahr des Stammhalters nicht ohne Bedeutung.

Die alten Jäger kümmerten sich eigentlich recht wenig um solche Probleme; seitdem aber die Jagd zur Wissenschaft geworden, bohrte sich menschliche Wißbegier auch hier ein. Einst, als es noch mehr Wild gab als Jäger, rechnete und jagte man nach dem Schema: Spießer – einjährig – Gabler – zweijährig – Sechser – dreijährig, und von da an schußbarer Bock. Das war bequem. Und dann kam die Wissenschaft und wies plötzlich nach: auch der Jährlingsbock trägt sehr häufig ein Gabel- und gar nicht selten ein Sechsergehörn, der zweijährige Bock setzt sogar schon in der Regel Sechserstangen auf. Und abermals kam die Wissenschaft und belehrte: der dreijährige Bock trägt, wenn er es je dazu bringt, eine Kapitalkrone, und in seinem dritten Lebensjahre setzt der Bock überhaupt sein stärkstes Gehörn auf. Die Versuche mit Wildmarken bestätigen solche Behauptung.

Abwurfreihen gezwingerter Böcke lieferten weiteres, wenn schon fragwürdiges Beweismaterial. Dem gegenüber kann man freilich einwenden: wie soll der totgeschossene Wildmarkenbock dartun, daß er im vierten, fünften, sechsten, siebenten Sommer nicht noch stärkere Kronen getragen hätte?

Fritz Bley, ein weiß Gott berufener Kenner, vertritt dagegen die jedenfalls viel zuträglichere Ansicht, daß der Bock erst mit dem zehnten Jahre den Höhepunkt seiner Manneskraft und auch seiner Gehörnentwickelung erreiche und mit dem vierzehnten Jahre noch recht weit davon entfernt sei, zurückzusetzen oder gar zu kümmern. Das scheint mir ja wohl etwas hoch gegriffen, denn ich gebe dem freilebenden Bocke im ganzen nicht mehr als allerhöchstens sechzehn Lebensjahre, sowie ich auch dem Pferde kaum mehr als fünfunddreißig bis vierzig Jahre zubilligen kann, während der verstorbene Professor Karl Ludwig Schleich, ein Gelehrter von europäischem Ruf, das Alter dieses unseres edelsten Haustieres auf sechzig Jahre beziffert. Ich kann allerdings nicht beweisen, daß der Bock nicht unter Umständen zwanzig Sommer und meinetwegen mehr erlebt; das nur sei zu bedenken gegeben, daß auch der längste Stirnzapfen zu einer sagen wir fünfzehn Jahre hindurch fortgesetzten Verkürzung nicht ausreicht, und daß Böcke mit ganz kurz gewordenen, dicken, divergierenden und weit auseinandergetriebenen Stirnzapfen in der Regel schon schwundige Altersgehörne tragen. Meines Erachtens ist dem freilebenden, gesunden Bocke mit dem fünfzehnten Jahre so ziemlich seine natürliche Grenze gesetzt, und die Zeit der Höchstkraft, der Höchstwehr, der Höchstkronen liegt im mittleren Drittel, zwischen dem fünften und dem zehnten Sommer. Gegen das zehnte Jahr hin mögen die Gehörne mancher Böcke an Gewicht und Dichte noch zunehmen; doch werden sie dann schmuckloser, und die Neigung zu Entartungen, unregelmäßiger Mehrendenbildung, Stangenspaltung, Mißform, Endenschwäche usw. tritt immer deutlicher hervor. Mit dem elften Jahre dann beginnt unter normalen Verhältnissen das eigentliche Zurücksetzen und mit dem dreizehnten, vierzehnten Jahre das Alterskümmern, der Schwund. Dazu gelangen allerdings heutzutage nicht mehr viele Böcke. Die meisten „Kümmerer“ sind Invaliden von des Menschen direkten und indirekten Gnaden. In meiner Sammlung befinden sich Kronen von nachweislich recht alten, sieben- bis neunjährigen und solche von nachweislich nicht mehr als dreijährigen Kapitalböcken aus gleichem Revier. Hält man nun eines der „jungen“ neben eines der „alten“ Gehörne, so ist außer an Stirnzapfen und Schädeldeckenstärke ein Zuwachs nicht festzustellen. Man kann nicht behaupten, daß die „jungen“ Böcke – nach Maßgabe der allerbesten „alten“ – noch wesentlich stärker hätten werden können. Mit sechs bis sieben Jahren ist der Bock wohl auf dem Gipfel seines Könnens und Habens. Er entspricht dann dem Manne von fünfunddreißig bis vierzig Jahren, dem Hunde vom vierten bis fünften Felde.

Mit dem Gehörngewicht ist's auch so eine Sache. Ich besitze sehr starke, kapitale Kronen, die nicht mehr als 380 bis 400 Gramm wiegen, und daneben ein nur 22 Zentimeter hohes, enges, mäßig starkes Gehörn, das wie Eisen in der Hand wuchtet und den Zeiger auch auf volle 400 Gramm drückt. Ein ganz niedriges, kaum 17 Zentimeter hohes, derbes, kleines Krönchen meiner Schädelpyramide wiegt auch 370 Gramm und sieht doch nach allerhöchstens 180 Gramm aus. Es gibt eben verschiedenerlei Gewächs, lockeres und dichtes, Kork und Buchsbaum. Chemisch hochgekünstelte Gehörne sind natürlich immer ganz leicht und locker, dementsprechend aber auch wenig widerstandsfähig. Man könnte fast sagen, das Gewicht der Stangen nehme mit dem Alter zu; die Gehörnsubstanz werde immer dichter. Nun gehörte aber das vorgeschriebene 22 Zentimeter hohe, ganz unbedeutende Gehörn einem nicht mehr als dreijährigen Bocke an, und diesen Bock erlegte ich in einem Reviere, dessen beste Gehörne sonst nicht 400 Gramm erreichen. Es ist eben doch alles individuell. Berühmt waren in ihrer Art die auf den Revieren des Grafen Bombelles zu Opeka, Grünhof, Vinica an der Drau (Slawonien, angrenzend an Steiermark) gewachsenen Kronen. Auf der Ausstellung des „Wiener Jagdklubs" trugen sie fast jährlich die höchsten Preise davon. Als ich aber einmal eines dieser trotzend geperlten Gehörne in die Hand nahm, fand ich es – federleicht, leicht wie aus Meerschaum geschnitten. Die Böcke wurden dort stark mit Chemikalien angereizt; die Salz- und Kalklecksteine der gräflich Bombellesschen Personalindustrie erfreuten sich sogar einer höchst lebhaften Nachfrage. Erzählt wurde sogar, die Jägerei pflege den Bastböcken mit ganz zartem Vogeldunst nach den weichen Gehörnen zu schießen, um durch diese Verwundung Mehrendigkeit und starke Perlung zu erzielen. Auch wurde berichtet, das Rehwild werde dort schon von März oder Anfang April an durch fortgesetztes Schießen so stumpfsinnig vertraut gemacht, daß der Bock dann in kritischer Minute dem Knall überhaupt keine Aufmerksamkeit schenke – bis die Kugel ihn von gewissen üblen Zusammenhängen zwischen Detonation, Gasdruck und Antrieb überzeugte. Tatsächlich wurde ja der Bockabschuß auf diesen Revieren alljährlich zu hohem Preise verpachtet. Die Pächter waren wohl nicht immer Herren, deren erste Kugel traf … Das mit dem Vertrautschießen des Wildes könnte ja unter Umständen einigen Sinn haben; immer und überall aber wird es nicht gelingen, und nach meinem Geschmack ist's auch herzlich wenig. Wenn das Reh einmal zum tauben Haustier degeneriert, dann mag der Bock aufhaben, was er will, dann ist mir schließlich ein geringer aber „wilder" Alltagssechser lieber …

Das schwerste Gehörn, das ich je in Händen hielt und gewogen, erreichte über 700 (genau 711) Gramm. Den glücklichen Erleger meine ich nicht nennen zu dürfen, da er mich seinerzeit bat, über seine Trophäen und überhaupt über sein Revier nichts verlauten zu lassen. Die zu dieser Krone gehörigen Stangen waren ganz kapital, aber vollkommen schlicht, derb, aber spärlich geperlt. Ihre Höhe betrug 27, ihre Auslage 20, ihr Umfang 12, der Umfang ihrer flachen Rosen 27 Zentimeter. Kronen ähnlichen oder gleichen Ranges hingen in ein paar Dutzenden an der Wand. Der Erbeuter, ein stiller, bescheidener aber ausgezeichneter Jäger, hat mit guten Gründen nie ausgestellt, denn er kannte die Gefahren der Öffentlichkeit und Eitelkeit; er hat auch nie eines der Stücke photographieren lassen, und als ich einige der hervorragendsten Exemplare zeichnen wollte, bat er mich, davon abzusehen. Er hatte vollkommen recht. Kandaules[42], der mit der Schönheit und Keuschheit seiner Frau prahlt, wird von Gyges umgebracht. Wäre Obor mit seinen Nachbarrevieren noch heute ohne weiteres zugänglich, ich tät mich fein hüten! ... Das aber darf ich verraten, daß die Heimat jener hochkapitalen Böcke gleichfalls im Osten zu suchen und heute – – unter den Fängen des „weißen Adlers“ liegt ...

Noch bin ich dem geduldigen Leser Aufklärung darüber schuldig, wie ich dazu komme, eine gewiß kapitale, begehrenswerte Krone so obenhin „Kitsch“ zu schimpfen. Das kommt von der verdammten Ästhetik, und es kommt davon, daß der Jagdmaler seinem Bocke immer und immer wieder das gedrungene, strotzend geperlte Idealgehörn auf den Kopf setzt. Man sieht sich schließlich daran über, wie an aller Überfülle. Das Bild wird zum Gassenhauer – und damit verdorben. Schön ist alles, was die Natur hervorbringt; hier hat die Ästhetik kein Wort. Aber unschön ist das Krankhafte, und gerade dieses Gehörn machte auf mich – und macht mir noch heute – den Eindruck von krankhafter Überblüte. Es stand auch nicht recht im Einklang mit Stärke und Alter seines Trägers; es paßte nicht zu den verhältnismäßig dünnen, hochstieligen Stirnzapfen. Dazu kommt eine merkwürdige Mürbheit und Porosität der Schädelknochen, wie ich sie schon ein- oder zweimal bei selbsterlegten Böcken ge-

42 Kandaules und Gyges: griechische Sagengestalten

funden. Einer derselben trug aus bleistiftdünnen Stirnzapfen ein sehr ansehnliches Gehörn von starker Spatelperlung und schaufliger Sprossung. Dafür fand sich an Stelle des Kurzwildbretes ein faustgroßer Klumpen sozusagen verharzten Eiters. Demetrius von Oborzany, der schwerköpfige Karl der Dicke, der stumpfsinnige Selbstmörder, war zwar sonst vollkommen normal bei Leibe, und durchaus gesund; aber seine Schädeldecke zeigte sich beinahe morsch und wie wurmstichig, und das Schloß ließ sich so leicht ausbrechen wie bei einem Kitz. Die Vorstellung von einer „Perücke" war also gar nicht so unberechtigt; sie war mir wie aus dem Unterbewußtsein gekommen – und sie traf, wenn auch nicht ins Schwarze, so doch wenigstens die Scheibe.

Wer viel geschaut und verglichen, wird natürlich kritisch. Alles Werten kommt vom Vergleichen. Ich habe oft im stillen gewisse Beziehungen hergestellt oder gesponnen zwischen dem Stil des europäischen Rehgehörns und dem des – gotischen Turmes. Das ist gar nicht so weit hergekünstelt. Fialen, Strebepfeiler, Leisten, Wimperglein hat auch die Gehörnstange, und ihre krönende Kreuzblume ist die Sprossung. Nun gab es eine Zeit, da die Gotik erkrankte und an Überblüte starb. Der Münsterturm zu Freiburg, aus dem Mai der Gotik, ist in seiner vollendeten Harmonie, dem Gleichklang zwischen Schmuck und Zweck, dem Kenner unendlich lieber als der verwirrend überladene Kölner oder gar der Mailänder Dom. So liebe ich vor allen anderen jene Kronen, an denen sich der Perlenschmuck gegen die Sprossung zu allmählig verläuft, so daß diese klar wie die Degenklinge aus kunstreich durchbrochenem und ziseliertem Korb hervorgeht, als das, was sie sein soll: Wehr und Waffe.

In diesem Sinne gebe ich dem „Szlahziz" und „August dem Starken"[43] unbedingt den Vorzug vor „Demetrius". Nun, der Leser mag selbst urteilen. –

---

43 Böcke, die Gagern erlegt hat

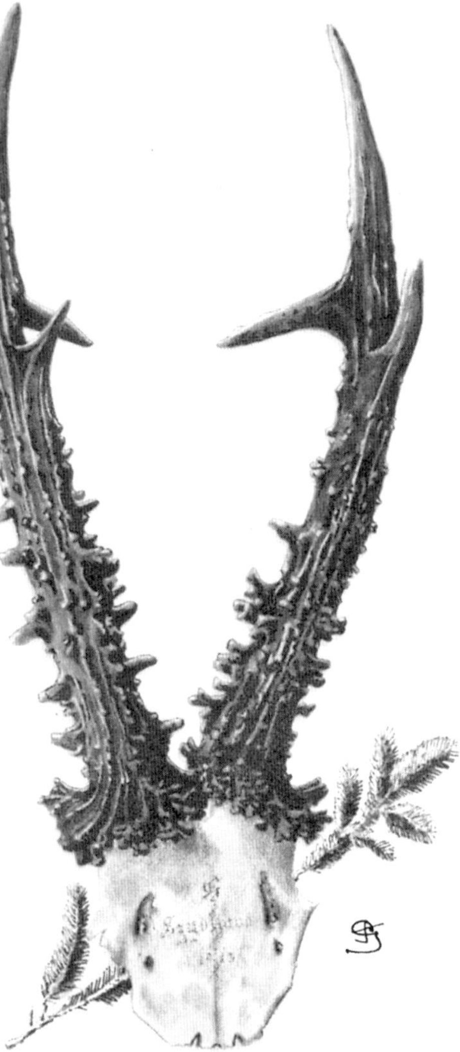

Der „Szlachzig".

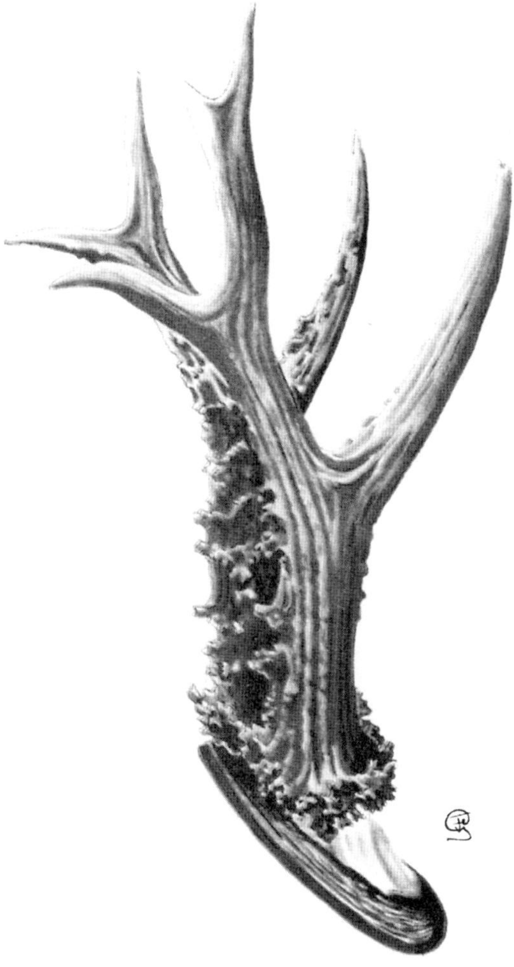

„August der Starke“

„Demetrius“ war tot, und Pan Gabriel Michalski tat sich soviel zugut auf sein Beharren, daß ich wohl einsah, hier müsse etwas bewilligt werden. „Demetrius“ kam mich danach auf vierzig statt auf fünfunddreißig Rubelach zu stehen; ich gebe aber gerne und öffentlich zu, daß mir das eigentlich nicht übertrieben schien, und daß anderseits der dotterblonde Gabriel Michalski seine Herde wenigstens einigermaßen kannte, ungleich besser jedenfalls als der wackere Adam: „Aber ja, bitte, Böcke sind da, bitte ... “ – – –

Was wollte das alles noch bedeuten? Zu anderer Zeit, in anderer Stimmung hätte man einen Bock wie diesen irgendwo totgetrunken, in irgendeinem Stoff, Allasch oder Czaj, in irgendeiner Gesellschaft, mit einer Marfa oder Mila, einer Ilka oder Marcza ... Aber in Sarajewo drunten lagen zwei wachsbleich auf hohem Katafalk, und das Sickerblut aus kleiner Halswunde schwoll zum völkerverschlingenden Strom, zur Hochflut der Götterdämmerung ...

Mit den Stunden und Tagen mehrten sich die Zeitungen aus Süd, aus dem föhnheißen Jug[44]. Denke ich heute an all die Gesichter zurück, in die ich damals geschaut, so muß ich sagen, daß die Polen sich entweder meisterlich verstellt oder wirklich etwas wie Entrüstung und Rachezorn empfunden ... Wenn dieses tief hinter Augen glimmende Etwas nicht ein ganz anderes war: der Krieg mit Rußland, die Abrechnung mit Moskau und Petersburg, die Auferstehung der Geister von Majczejowice[45] ... Oder die Abrechnung mit Berlin – oder mit Wien? ... Wer kann blicken in die tausendwinklige Seele einer zertretenen, bei verfaulendem aber noch atmendem Leibe zerrissenen Nation? ... Wie eine dumpfe, finstere Altstadt, wie ein Ghetto ist die Seele solchen Volkes, voll nagender Kanalratten, voll Schmutz und stockendem Spülicht, voll Scherben und Schwamm und sickernder Seuche, und aus Kellerluken und Kloaken und den Abgußgittern stinkender Hinterhöfe spähen und lauern

44 Jug = Süden (vgl. Jugoslawien)
45 bei der Schlacht bei Maciejowice siegten die Russen 1794 über die Polen

die gefangenen Gedanken, die lebendig verschütteten Hoffnungen ... Man muß sich nur hineindenken.

Einer wenigstens der drei Räuber mußte fallen, Rußland; oder vielleicht die beiden anderen, Deutschland-Preußen und Österreich-Ungarn ... Daß aber Polen das unerhörte, in aller Geschichte beispiellose, von Jesus Sirach[46] gepriesene und erbetene Glück haben würde, alle seine Feinde fallen, zerfallen, geschlagen zu sehen, daran dachte wohl nicht der kühnste Träumer, davon träumte nicht der heißeste Patriot, nicht der patriotischste unter den Erben Kosciuskos[47].

Einer wenigstens meinte es in seiner Art ganz ehrlich mit mir, der Pfarrer von Oborzany. Er hatte vernommen, ich sei Österreicher, und Österreich war für ihn der Inbegriff von Katholizismus. Nun aber hat der Heilige Vater kaum bessere Katholiken als gerade die Polen, und Seiner Hochwürden Thaddäus Bohutinsky sah in der Bluttat von Sarajewo nicht so sehr einen Dolchstoß des Slawentums als vielmehr der slawisch-griechischen Kirche gegen die apostolische Vormacht ... Lieber Gott, wie schwierig machen sich die Menschen ihr bißchen Leben! –

Der einzige, der meinen kapitalen Kreuzbock ausgiebig tottrank, war Pan Gabriel Michalski. Die Kriegsmöglichkeit wurde in Obarzany merkwürdig rasch begriffen, und dementsprechend lebhaft erörtert, und Pan Gabriel Michalski vertrat einfachheitshalber gleich zwei oder drei Parteien. Dem Geburtsorte war er es schuldig, sich als Preuße zu fühlen und „Heil dir im Siegerkranz“ zu singen, den Polen schmeichelte er mit wilden Reden gegen Petersburg, und dem allgegenwärtigen Ohr der Ochrana[48] gab er eine ziemlich vorgerückte russische Nationalhymne zum besten. Dieser Zustand währte mehrere Tage, und in diesen Tagen, am 2. Juli heißen Angedenkens, schoß ich noch einen recht starken Bock – Stangenhöhe 24, Auslage 16, Rosen 22 –, der

---

46 Buch des Judentums
47 Anführer im polnisch-russischen Krieg 1792
48 zaristischer Geheimdienst

mich mit seinen weißen, blendenden Enden förmlich herangewinkt. Er stand in einem raumen Stangenholze unweit der erwähnten, von kleinen Äckern durchsetzten Wiese und äugte mich über einen niedrigen Wacholderstrauch her unverwandt an. Dieser Schuß war allerdings kein leichter, hundertsechzig und einige Schritte in flimmerndem Vormittagslicht, und obendrein ein gut Teil des Zieles verdeckt. Doch die treue Büchsflinte rechtfertigte wieder einmal mein Vertrauen; mit sauberem Hochblattschuß, nah dem Halsansatz, brach der Bock im Feuer zusammen. Er wog 55 Pfund.

Das war genug für Oborzany, und außerdem machte mir das Weidwerk keine Freude mehr. Ich fühlte mich irgendwie locker sitzen, und meine Gedanken waren nicht recht bei der Sache. Ich nahm Abschied von den aussätzigen Tapeten der toten Prunkstube, von Spinnweben und entseelten Flaschen, von Pan Gabriel Michalski und Erzvater Muttermilch – von dem ich nicht beschwören will, daß er nicht in mir einen verlorenen Eidam ziehen sah – und trat mit Kronen, Patronen und Bronzeleuchtern im geschnürten Bündel über Dombrowa und Herrn von Kondratowicz den Heimweg an. –

Es half alles nichts; in Dombrowa schoß ich ohne nennenswerte Nebenumstände auf dem schon nachgrünenden Grase der untersten Starostenwiese noch einen alten starken Bock, dessen zwar nur 20 Zentimeter hohen Stangen wohl nicht durch Perlung, dafür aber durch verhältnismäßig bedeutenden Umfang – 10 Zentimeter – und seltsame, eine Spaltung gewissermaßen vorandeutende Plattdrückung auffallen. Außerdem erscheinen die Stangen um Winkel von 20 bis 30 Grad nach außen gedreht, so daß die starken, blitzblanken Vordersprossen gleichfalls nach außen sich krümmen. Ich bin überzeugt, daß der Bock im nächsten Jahre schon wenigstens die rechte Stange in zwei Gabeln gespalten hätte, ähnlich dem „Endstrumm“-Zehner vom Frühling oder Frühsommer 1913. Man „fühlt“ die beiden kommenden Teilstangen schon jetzt in der einen; denn diese hat nicht den Durchschnitt eines Kreises oder eines Ovals, sondern den einer 8 mit etwas stärkerem Halse. Die sichelkrumme Hintersprosse verrät ganz unwiderlegliche Blutsverwandtschaft mit dem „falschen Demetrius" von Oborzany. Die beiden Erlegungsorte sind voneinander wohl durch die Distanz einer deutschen Meile getrennt; ein Beweis, wie weit Böcke in der Brunft wandern. – –

Ich bin zu Ende. Weder den guten, zerstreuten Adam noch den hohlhändigen Andreas Pechbart, weder den dunkelvorgeschichtlichen Walther noch den düsterbedrängten Stanislaus Nietzsche, weder den eleganten Herrn von Kondratowicz noch den dotterblonden Gabriel Michalski oder Erzvater Kephte Muttermilch werde ich, menschlichem Ermessen nach, jemals im Leben wiedersehen. Das ließe sich ja unter Umständen verschmerzen, obschon einige dieser mitunter recht schwankenden Gestalten[49] sich unversehens durch schlecht bewachte Hintertüren in mein Herz eingebirscht. Aber auch Obor und Szydlowo, Kamienec und Dombrowa, die Kobylagora und das lindenblühende Oborzany werde ich nicht mehr schauen und erleben, nicht mehr die nebelnden Erlen, die geisterschauernden Wiesen, die spechtumtickten Eichen, die storchüberfittichten Teichsümpfe und nimmermehr die Söhne und Erben jener Majestäten, deren Kronen mich wehmütig fast von der Wand grüßen. Krieg und Nachkrieg, Heer und Marodeur, Graus, Brand und Furie haben dem Wildstande jener Landschaft wohl so ziemlich, auf Jahrzehnte hinaus wenigstens, ein Ende mit Schrecken bereitet. Sparsame, enthaltsame, tausendäugige, eiserne Hege könnte gewiß wieder aus den letzten Überlebenden der Rasse eine neue Herde heranziehen, und wer dazu Zeit, Mut und Geld hat, der mag's versuchen. Denn Obor mit Dombrowa und Szydlowo ist heute zu ha-

49 Anspielung auf Zitat aus Goethes Faust

ben: für nur 1.600.000 Dollar. Die Neupolen verstehen zu rechnen.

Wie viele der alten Adlereichen, deren eine nach der anderen für ihre Herren und Herrinnen und deren Diener fiel – wie viele ihrer mögen noch stehen? ... Doch getrost! Der weiße Adler hat der Eichen in Posen und Westpreußen und Oberschlesien[50] genug, darauf er fußen und seine Beute kröpfen kann. –

50 Gebiete, die Deutschland nach dem Ersten Weltkrieg an den neuen polnischen Staat verlor

Auszüge aus:

Friedrich von Gagern

Der Jäger und sein Schatten

Verlag von Paul Parey in Berlin,
fünftes bis siebentes Tausend, 1940

Damals! … Damals war alles – da, wie schön das kalte Grüngoldrot drüben auf den Fichtenwipfeln der Ravnica – ja, damals war alles hier – da, schrägdrunten ein drittes Reh, eben schüttelt sichs Tau und Nacht aus der Decke – damals war alles hier noch hoher Wald – Ricke, Ricke mit Kitz, wie es scheint, man erkennt die Schatten der Muttergruben – noch hochhoher Wald gewesen … Das Böckerl bei der Schmalen, was äugt denn der immerzu hinunter? Stechender Dachs, nicht leicht um diese Stund; Fuchs, Wildkatz? … Ja, hochhoher Wald gewesen. Das Halbrund der Fratten, der lange Mittelrücken, alles. Buchen und Aberbuchen, hundertfünfzigjährige, dompfeilerschäftige und hagene semmelkopfknorrene, dazwischen schwere Kestenbäume und vereinzelte finstere Eichen, aus Anbeginn der Türkenzeiten und noch früher her. Aber nun hatten Axt und Säge durch achtzehn Jahre an den Beständen gefressen; eine breite Bresche, die den Berg hinan klaffte, schon war jener Mittelrücken wieder ein unsichtig dichtes zweimannshohes Stockschußgeheg; bald würden auch die angesprengten Hallen der Dražca[51] hüben und die noch schöneren, noch weiträumigeren, höher gewölbten und gesäulten der Pistolica[52] drüben trauriger Schlägerungsschutt sein, Wirrsal gestürzter und roh mißhandelter Prächte, klagendes Trümmerfeld … Und was alles noch an Werten und Herrlichkeiten hatten diese achtzehn oder zwanzig Jahre verschlungen! … Die Buchen und Eichen von Fučno, des Peteršovc, der Zavratka, des Goli Cirnik, des Janežov Dol[53], wo eine einzige Buche, für die eine besondere Säge hatte angeschafft werden müssen, zweiunddreißig Klafter lieferte … Furchtbar, wie schnell das ging und schwand. Wofür? Die schwere Bringung drückte den Preis; Sisyphusarbeit an Wegebauten fraß den Erlös; ein ewig reißendes Drahtseil,

51 Ortsbezeichnung in Gagerns Heimatrevier

52 siehe FN 51

53 Fučno, Peteršovc, Zavratka, Goli Cirnik, Janežov Dol: Orts- und Gebietsbezeichnungen in Gagerns Heimatrevier

die eigene Dampfsäge mit ihrer Regie und vielköpfigen, großfamilienbelasteten Bedienung machte es nicht besser. Freilich, in zwei Dutzend Jahren würden auch diese Wundschläge wieder bürstige Dickungen voller Wild, die jetzigen Dickungen raume Stangenhölzer, die Stangenhölzer schimmernder flimmernder Hochwald sein. Aber – was getrösten ferne Urenkel einen, dessen Herz um die schöne Geliebte trauert?

Ja, damals. Und das war also die berühmte Bukowina[54]. Die zwei alten starken, fast weißborkenen Walnußbäume mit dem breiten Wurzelgestühl. Das Strohdach. Unter dessen Überfang hin die lange Bank. Weißgetüncht mit blau umrandeten Fensterquadraten die Jägerseite rechts, naturbohlen die Herrenseite links dem kienschwarzen Herdflur. Alles genau so, wie ich es später in hundert Stimmungslagen erlebt, einverseelt und genossen ... Was hat nur das Böckerl dort? Wirft aller Maulvoll Grasung auf, äugt eilig mahlenden Silbergraukiefers, vorgestutzt unruhzuckernder Lauscher immerzu nach dem Grabengrunde hinab? ... Schlägt gar in einen Salweidenbusch, tut eine plötzliche bremsgestochene Flucht? ... Du, wenn du jetzt der Richtige wärst; stündest grad recht; Feinstrichkorn überm Silberdreieck, genau in Herzhöh hineingetupft: – und hättst es schon überstanden ... Sei froh, friß und gib Frieden.

Die ganze Partie hatte ja Vater gegolten. Er sollte und wollte hier droben etwas höhere Luft kneipen; nebenbei – mit der Bernarddamastflinte, Kugel gab es noch nicht – einen oder den anderen Bock auf „Vorpaß“ schießen – was ihm bei seiner Ungeduld nur ganz selten einmal glückte –; und natürlich auch nach dem Rechten im Walde sehen – was eigentlich gerade seines inwendigen Amtes nicht, denn davon verstand er trotz großer theoretischer Bibliothek nicht allzuviel, was er wußte, hatte er von Meisterin Mutter gelernt, wie diese von ihrem Vater und dem alten Oberförster

54 Ortsbezeichnung in Gagerns Heimatrevier

Melcher. Besonders entzückt über den Einfall schien er ja auch keineswegs zu sein; leidender Stimmungsmensch – nicht Mensch der Stimmungen –, kränkelnder Launenmensch liebte er zuweilen die Einsamkeit, Einsamkeit als Abwechslung, und vor allem Schonung seiner angegriffenen Stimmbänder. Noch sehe ich ihn, wie er auf dem kleinen Hügel vor der Jagdhütte, die große Tula-Dose zwischen den Fingern, den Anmarsch beobachtete und empfing; ein flüchtiger Schelmenblitz der schönen blauen Augen, ein feiner Grübchenkniff um die Mundwinkel, ein dünner Pfiff und Zigarettenqualmstoß aus dem Barte hervor verriet zumindest kritische Aufnahme der Heimsuchung. Wilhelm Busch, so ungefähr der Kopf; nur ein mächtiger Hornkneifer kam leider hinzu. Einen ledergelbbraunen Anzug mit Lederknöpfen, echten, trug er an jenem Tage, von edelstem und weichstem englischen Stoff, und einen roten Karrierfaden hatte dieser Stoff, und einen zarten bunten Regenbogenflimmer im Flaum – etwas wie harbe Wichs, die klassische Kurzlederne und den Jägerjanker hat Vater, in Allem nur vom Feinsten – und ewig Gewechselten – niemals getragen. Und der Frischduft von Kölnischwasser war um ihn, den allzeit Gebügelten und Gepellten, und das Arom von langschnittigem Sultan-Flor-Tabak, die Blechpackung zu zwei Gulden vierzig; und dann hatte doch die Katze diesen feierlichen Augenblick der Begrüßungszeremonie benutzt, sich in die Herrenstube einzuschleichen und dort stracks zu verewigen, und der Jäger, damals der schwarze Peter, des alten Johann Jelinek nur allzu leibhaftiger Sohn, mußte eiligst mit Wacholder und Essig räuchern ... Und dort überm Schragen hing stabgerahmt und unverglast der Stich nach der berühmten Sauhatz, Keiler und Köter von Snyders[55], speerende und horntutende Muskelmenschen von Rubens: derselbe stockfleckige Stich, den ich später an hoffnungslosen Regentagen Ader für Ader, Haar für Haar auswendig

55 holländischer Maler

gelernt ... Und im Eck links der Kammertür das Wandkastel, das immer so irgendwie nach Maggi-Essenz, Kakao, Schimmel und ausgeschossenen Schwarzpulverpatronen roch ... Mein Gott! ... Und dann also kamen die Fressalien – – na, na, Sechserl, was ist denn, was haben wir denn dir getan? ... Schimpfen auch noch? ... Wird doch leicht der Wind nicht sein, der steht ja gut; wirst dich doch nicht über unsere Zigarette, Tabaksortenpackung leider nicht zu zwei Gulden vierzig sondern nur zu bescheidenen sechsundsechzig Kreuzern, gar so sehr aufregen? ... Oder über den alten Waldhasen, der dort grad auf dem verheideten Gratweg sitzt, rot in der steigenden goldroten Wärme, und sich die Nase putzt? ... Oder über den rülpsenden Gauch, oder über das Inbrunstgebuhl des Taubers in der vereinsamten Samenbuche? ... Und wieder klappt drunten die Tür; man hört die Sense vom Dachriegel haken, den Wetzstein aus dem Holzköcher scheppern, den trochäischen[56] Schliff, und dann den rauschenden Bogenschwung durchs Gras im hinteren Zwetschgengarten – – – kamen also die Fressalien. Kalter Milchkaffee, im Wasserschaff noch nachgekühlt, und eine der Kaffeeflaschen war mit ganz feinem Bastgewebe umflochten, und eine der Tassen kamelhaarbraun mit schwarzem Muster, und eine andere zeigte eine holländische Hafenlandschaft. Nur genau. Und dazu gab es kalte Risolen aus einer Weißblechschachtel. Nur immer genau. Risolen? Risolen, das sind also Palatschinken ... aber was sind Palatschinken? ... Palatschinken, der Name spielt schon beziehungsvoll auf Palatium, Palast, und Palatum den Gaumen, also auf hohe Küche an – Palatschinken, das sind nämlich keineswegs Eierkuchen, denn unter dieser würdelosen Bezeichnung ändern sie alsbald Aussehen und Geschmack bis zur Unkenntlichkeit: das sind halt eben Palatschinken, und diese werden um einen sauerrahmgebundenen Feinhack von Schinken und Kalbsrückenresten gerollt, auf Wiener

56 griechisches Versmaß

Art – aber wirklich Wiener Art, bitte – einpaniert und schön resch überbacken; dazu ein zartes gedilltes Gurkensalaterl, aber auch kalt munden sie unter Umständen vorzüglich, je rescher gewesen desto besser, genau wie die Weiblein, und im Aufschnitt liefern sie eine hinreißende Suppeneinlage. Natürlich: der österreichische Phäak[57]. Gar nicht Phäak. Das Einfachste tuts; nur gut, sinnvoll, gereimt und stilgerecht zubereitet muß es sein, und sei es der simpelste Semmelknödel. Si duo coquunt idem, non est idem.[58] Der arme Dichter Ovid wurde bekanntlich wegen „carmen et error“, Lied und Liebe nach Tomi am Schwarzmeer verbannt. Dort saßen wohl schon damals die Goten, und vielleicht trieben auch die schon nordischen Mißbrauch mit Rosinen, Süßstoff und Marzipan, wie sie ja später von den angstscheppernden Römern die Loskaufsumme nicht gleich Brennus[59] in Gold, sondern in Pfeffer, dem barbarisch faustweis gefressenen, forderten. Da versteht man denn des Sängers und anderer feinbesaiteter Verbannter und Verirrter „Tristia ex Ponto“[60].

Dann, nach genossener Jause und getaner Umschau, war man mit Vaters, des erleichtert Zurückbleibenden, Segen im sinkenden Nachmittag gegen die andere Bergseite hinab zur Straße und dem wartenden Wagen aufgebrochen. Neue Welten und Weiten, Gründe und Abgründe. Gleich hinter der Hütte hinunter, rechts vom grusknirschenden Wege, der ungeheure, nachmals fast historisch gewordene, aus dem Gesamtbilde nicht wegzudenkende graue Kastanienstorren, auf den man oft den schwülschwer heraufgeschleppten Bock eratmend absetzte, nach dem man von der Bank aus tausendmal anschlug und zielte. Später der „Kležnik“, ein

---

57 Das Volk der Phäaken lud Odysseus zu einem Mahl ein. Im damaligen Sprachgebrauch wurden die Österreicher gerne „Phäaken“ genannt – gemeint ist: Leute, denen gutes Essen und Trinken am wichtigsten ist.

58 Das Sprichwort „Wenn zwei das gleiche tun, ist es nicht dasselbe“ wird hier abgewandelt zu: „Wenn zwei das gleiche kochen, ist es nicht dasselbe.

59 keltischer Fürst, der im 4. Jh. v. Chr. Rom eroberte

60 Briefe Ovids aus der Verbannung

wunderschöner Junghochwald, in dem ich vielhundert Stunden umsonst verhockte, während anderen gerade dort das Wild blindlings in die Büchse lief, meinem Bruder Hans das Besthaupt seines Lebens, einer von Weltklasse. Rechts hinunter der abendschattenblaue Graben des „Drnovc“, umwittert von Schauern der Ehrfurcht und Ahnung, schon darum, weil Vater dort seine wenigen, in Wirklichkeit durchwegs unbedeutenden Böcke schoß. Namen, Vorstellungen, Bilder, die mir damals tagelang nicht aus der Einbildung wollten. Kležnik und Drnovc, was waren dagegen die Llanos[61] und Pampas Südamerikas, die Prärien am Missouri, die sibirische Tundra, der Ural, das Dschungel, der Byalowiczer[62] und der Bakonyer[63] Wald, von dem sogar die alte Fanny aus früherem Dienstverhältnis her Schauriges zu erzählen wußte! … Im Drnovc, da habe ich einmal –

He, was bedeutet das? Wieder schimpft der Kleine in gutem Jünglingsbasse drauflos, und jetzt muß er irgendetwas Unerfindliches mächtig spitz gekriegt haben, in hohen dumpfen Fluchten geht er, der immer mal gleichsam bedauernd rückverhoffenden Schmalen voran, scheltend und stampfend gegen die Ravnica hin ab. Erdbeerweiber? Oder doch Fähe mit Gewelp in der Morgensonne? Etwas kraspelt da drunten in der Fratten, kratzt und knackt; nicht einzusehen von meiner Wurzelbank aus, und jeder Versuch eines Schrittes in der krachlauten Laubstreu wäre Torheit … Genau wie damals drunten im Drnovc; dort war es auch so, daß ich – –

Da schnellt hinterm Stamm einer sturmgeworfenen schwachen Randbuche ein Haupt auf, ein pfahlgehörntes Grauhaupt, ein starker Hals: das muß er sein, Gefühl sagts an Stelle des nicht mehr hochzunehmenden Glases. Und wenn nicht: heimlicher unnumerierter Böcke gibt es genug

61 Grassteppe
62 polnischer Wald
63 bergiger Wald in Ungarn

in diesen Wäldern, je einen Unbekannten, noch Besseren für jeden Guten. –

Scharf und klar steht das Silberkorn überm kimmenweisenden Silberdreieck in der Kehlgrube des Trägeransatzes. Mehr zeigt der Starrsichernde nicht. Nur vierzig Schritte, vielleicht nur fünfunddreißig. Das Stahlblei gellt. Der Morgen zerklirrt in taubunte Splitter. – – – – – – – –

Drunten erst im flimmernden Domdämmer der alten Kohlstatt wollte ich den Hinabgeschleiften näher besehen, nach Gebühr würdigen, nach Brauch feiern. Dort zwischen den schiefen brandhohlen Kastanien und den Hainbuchen im Grunde braute die richtige Stimmung zum Vorspiel und Schlußsatz der Totenwacht, mit dem Zwischenstück der sogenannten roten Arbeit, zu deren sauberer Erledigung der üppige Farn dienlich. Aber da brachen Schritte in den Opferdienst herein, und da stand auch schon der Jäger, der gute Pajduch mit den treublauen mongolischen Augen, dem rötlichen Tartarenbart, den durchgedrückten Krätschbeinen und den drei kleinen schwitznassen Strähnen in die niedrige Stirne. „No, kaj ga pač majo – haben Sie ihn also doch? … Also Baidmashajl.“

Und auch das gehörte dazu. Schön das schwermütige Alleinsein mit dem gefällten Wilde und die befreiende Aussprache mit den Geisterstimmen der Natur und der Reue; schön aber nicht minder, weil eben seit urjugendher gewohnt und gleichsam rituell, das kunstlose, an philosophischen Tiefen darum nicht arme Zwiegespräch zweier Kopfjäger: ausruhsame, nicht weiter anstrengende, inhaltgesättigte Unterhaltung um scheinbare Nichtigkeit, altewigmännliche Wichtigkeit, gegenständliche Richtigkeit, Gleichnis des Vergänglichen, Ereignis im Unzulänglichen … „Ja, also, ta je vže ta prav’ – also das ist schon derjenige welcher …“ … „Also, prosim, kaj nisem rekel, da ma Krikelne koker en Gams – hab ich nicht gesagt, daß er Krummstangen hat wie ein Gams?“ … „Pa sakramentski težek je, und sakrisch schwer ist er, einige sechsundzwanzig Kilo wird er alser aufgebrochener haben ... “ „Pa lepi Šus ma, also akurat na Štih – und einen schönen Schuß hat er, haarscharf auf den Stich ... Also ich piten um ainen Zigarete.“

Platon, wäre er wie der kynegetische Xenophon[64] Jäger gewesen, und ihr gemeinsamer philosophischer Lehrprinz, der gräßliche Eckensteher, Marktschwätzer, Spielverderber, Miesmacher und Ur-Relativist Sokrates hätte wie in alles eigentlich Selbstverständliche und Unbewußte auch da dreingegakelt, würde unfehlbar einen klassischen Dialog über die Ungewißheit, Fraglichkeit und Unerfindlichkeit des Genusses an der Tötung freilebender Tiere zu mehrer Belästigung der Oberklassen humanistischer Lehranstalten verfaßt haben; der platonische Kapitale spukt ohnehin schattenhaft in der Höhle unserer Wünsche und gehemmten Begierden[65]. Einen strammen hymettischen[66] Hauptbock am geschulterten Speer möchte ich nicht vom stupsnasigen silengestaltigen[67] Pantoffelhelden und vorbeigelungenen Bildhauer auf dem Kerameikos[68] mit unverständlichen Fragen angestrudelt worden sein; ich wäre furchtbar grob geworden. Ich weiß nicht; amicus mihi Plato[69] – aber Perfall[70] und sein Jackl sind mir unter Umständen lieber. Eine gemütliche Kohlstatt unter blaßgrün anblühenden Kesten und knorrenen Hainbuchen ist auch Akademie.

Allein es hilft nichts: etwas vom alten Sokrates und seinen entbindenden Fragen lebt seit dem geleerten Schierlingsbecher in jedem bewußten, durch Bewußtheit unglücklich gewordenen Menschen; wir werden den Zudringlichen mit seinem bohrenden Verfahren, wir werden den Begriff des Begriffes nicht mehr los; an jeder Ecke des Lebensmarktes

64 Verfasser des ersten Lehrbuchs für Jäger
65 Anspielung auf das Höhlengleichnis des Platon
66 Hymettos = Bergrücken in Griechenland
67 faungestaltig
68 Stadtteil von Athen
69 mir ist Plato ein Freund
70 bayr. Jagdschriftsteller, um die Wende zum 20. Jahrhundert, hat Gagern inspiriert

steht der Unentrinnbare, der Verhaßte, in jede unserer Regungen und Freuden, jedes unserer Geschäfte und Werke mischt er sich trübend und verwirrend, anzweifelnd und aufreizend, höhnend und heilend mit seinen peinlichen Verhören ein; durch ihn hat die Menschheit zum zweitenmale seit Adam das Gift der Erkenntnis genommen, diesmal noch obendrein das der Selbsterkenntnis, der Erkenntniskritik und der Psychoanalyse ... Auch der Jäger. Längst hat die gesprengte Sonnenstille sich wieder geschlossen, der Ringeltauber heult, Hohltauber hobelt, Turtel grugruht, Gauch gugelt und guguckt, Specht schrillt und lacht, Kleiber twickt und tuckt: nur dieser Eine treibt fürs erste nicht mehr im unbeirrbar flutenden Lebensstrom, er ist der Landschaft verloren, ist nimmer fahlgelbgraubrauner Rehbock, sondern häßlich geschlitzte, bluthohle Tierleiche, Braten, Decke, Trophäe. Wozu getötet? Um der Nahrung zu dienen? Aber gibt es nicht würdigere Speise als Fleisch vom unschuldigen Freigeschöpf? ... Um Erlöses willen? Aber konnten diese zwölf Gulden nicht auf edlere Weise erworben werden? ... Um der Freude willen? Was ist, erstens, schon Freude, und was kann es schon für Freude bereiten, ein sanftes seliges Dasein aus dem Hinterhalt auszulöschen? ... Trophäe? ... Trophäe gleich Siegesbeute, aber was ist überhaupt hier Sieg, was heißt Beute, und hat man nicht schon ganze Wände voll solcher Dinger hängen? ... Da scheucht eine wohltuend gegenwärtige Stimme das unbequeme altgriechische Gespenst. „Pa en takšen Šus, skoz in skoz, prosim na tuka j imamo kuglo – aber solch ein Schuß, durch und durch, und bitte, hier haben wir die Kugel ...“ Ja, das ist sie, in ihrem Längsbohrgang hinten an den Lendenwirbeln verstaucht; zwölfsiebenzehntel sogenannter Gramme sogenannten Bleies, mit sogenanntem Eisen, dieses mit sogenanntem Nickel plattiert, ummantelt, dazu zwei sogenannter Gramme mit Höllenlauge behandelten, mit sogenanntem Sauerstoff bereicherten Holzes: und eine holde Flamme, die den Göttern und Genien zur Freude, niemand zu Leid gebrannt, ist im

Knall ausgeblasen. Ich sage es ja, die Erfinder alle, die vor dem dreißigsten Jahre schon gehängt werden sollen …

Und dann setzt man sich auf eine verkühlende Halbstunde in die Wurzelbucht zwischen den Farnen, rollt zwei weitere Friedens- und Dankopferpfeifen, jedem eine, und läßt sich doch wieder erzählen, daß im Bukowinski Gaj drüben ein ganz mordialischer Satan fege und plätze, und im Tustidol stünde einer mit ganz sperrigen schwarzen Stangen, und im Fariovc ein richtiger Achter, und das Einhorn im Dren habe sich auch wieder sehen lassen, und auf der Ravnica gehe ein Heimlicher um, alles zwischen den Lauschern stockvoll Wulst und Krauszackgebild … Ewiger Jäger, ewiger Gejagter, selbst eigenen ewigen Wahnes ewiges Wild! … Dabei spielt der Blick mit dem kaum erst erlebten, noch lange nicht völlig verinnerlichten wachsgelbbraunen Gehörn, ein Marienkäferchen wandert gerade die geriefte krumme Stange hinan; und dort unter einfallender Sonnenschräge voll Buntweihrauch und mikrokosmischem Schwebetanz liegt bei letzten Blähzuckungen einsinkend und verdampfend das bläuliche Gescheid im weißlichen Fettnetz, und drauf klebt und kraucht und klumpt das goldgrüne Giergeschmeiß – –

Auch dies Stimmung und Stimme im Tonsatz der Birschmorgengefühle; aber einmal muß geschieden sein. Pajduch mit dem rottriefenden Jägerrecht hinauf zu seiner unterbrochenen Mahd und dann weiter zu Scheitern und Prügeln und Knüppeln und Klaftern; ich mit der schwankenden Starrlast auf farnüberpolsterter Schulter den knirschenden Rotlehmweg hinunter durch die erwachten Weiler, in den Taudampf der Felder, Heißhauch der Hügel, Blendglast des Tales und einen turmkühlen Schlaf.

Droben hinter mir klappte die bewußte Tür. Da war in den rußigen Herdflur hinein zugeworfen und zwischen zwei glasierten beblümten Tonschüsseln geborgen worden, was vor einer Stunde noch Atem und Leben, Glück und Gott gewesen. – –

Als ich dann am Brv unter überschattendem Maßholder bei glitzerndem Murmelbach und abgelegter Bürde ein Gedenk lang verschnaufte, klopfte es mir plötzlich leicht auf die müde Schulter, und da ich umsah, wars doch der, dem ich so oft schon auf Kreuzwegen begegnet, der fahrende Jäger[71] im grünen Wams, mit der Hahnenfeder am Spitzhut und dem dünnen, gleichwie glimmenden und doch beinahe gutmütigen spottwehen Lächeln.

„Weidmannsheil dem Herrn! … Fegefeuer gefällig? … Nun – und die hohe Intuition? …“

Aber wie ich dann, aus flüchtiger Entrückung erwacht, der Frechheit mit faustischer Fraktur antworten wollte, war jener schon im Hitzflimmer des aufglosenden Spätmorgens verschwunden.

*

Mehr noch und eigentlich am meisten liebte ich, sei es mondennachts, sei es brutnachmittags, den sachten stundenweiten Weg nach dem sanfthinschwellenden, jenseits zum vielgewundenen Grenztal der Bregana jach abstürzenden Silivc. Dieser Silivc, Selivec oder Selovc, sprich deutsch etwa Silioutz, war für mich schlechthin der heilige Wald.

Mein Wald jeder Stamm und Strauch, mein Wald mit jedem der ungezählten sonderstimmungsvollen Unternamen der ebenso unzählbaren Dolinen, Gräben, Rinnen und Rücken, Riegel und Runsen; ganz mein Wald, obzwar gerade an ihm die Herrschaft den geringsten, nur eben die Seele, die Liebe den geheimdoppelten, darum freilich den beherrschenden Anteil hatte.

Um den Silioutz oder Seloutz wob seit jeher die Sage. Von ihm sprach man wie von einem Gerücht, wie von einer verrufenen Gegend, wie von einem Gespensterwald. Im und um den Silioutz war immer irgendwas los. Dort hausten uralte Köhler, dort waren Leute erschlagen worden, dort sol-

71 gemeint ist der Teufel

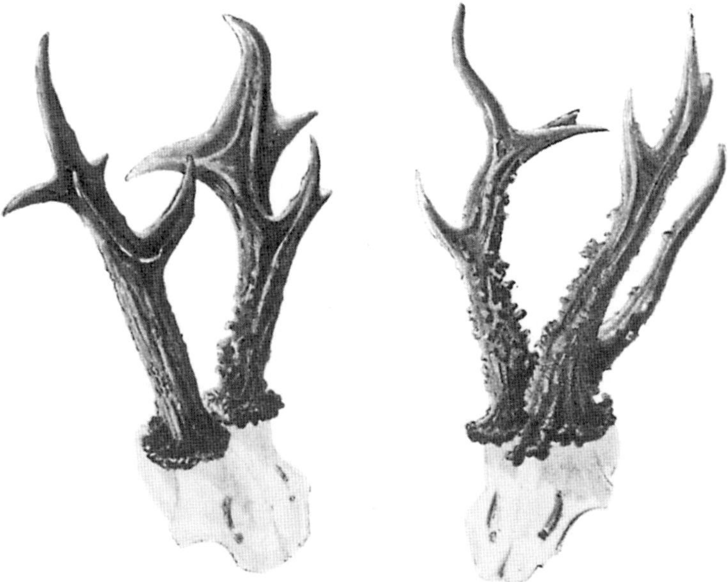

Zehner- und achterböcke.

len einmal zwei Paar Ochsen im Berge verschwunden sein, dort lagerten die Räuber, dort hatte sich wer erhängt, dort waren die Bosniakenbanden aus den Samoborer Bergen her ins Krainische eingestiegen, dorther stammten angeblich die stärksten der meist unbeschrifteten alten Gehörne, dort wehten Schauer, dort ging es um. Der Jäger, der aus dem Silioutz kam, mußte immer mehr zu erzählen wissen als jeder andere. Von ihm ging eine besondere, eine heroische und mythische Witterung aus; er hatte Bann und Spuk, Schrat und Schrecken, Druden und Drachen bestanden; ihm gebührte scheue Ehrfurcht, und war es auch nur der dünne blonde zaghafte Hlovšek, oder der Hilfsjäger Fuke, dessen Vorfahr gewiß Fouquet oder Fouqué geheißen und ein zurückgebliebener napoleonischer Besetzungsfranzos gewesen; vom breitbärtigen Schloßjäger Karl Beck mit der schönen damastnen Vorderladerflinte und den zierlichen wildledernen Munitionsbeuteln, vom krummen Kropatschek, Johann Jelinek oder Michel Holzer, den eigentlichen Stammhelden, Herakliden und Peliden, Wölsungen[72], Nibelungen und Folkungern[73] der Heimatwälder gar nicht zu reden … Silioutz – diesen abgründigen Namen bloß hören, die langhingewellte Höhe bloß aus der Ferne, vom Josephshügel oder bei der böllernden süßmetduftenden Hochsommerkirchweih von Sankt Jakob aus dämmern und dunkeln sehen, und dem Knaben liefen wollüstige Gruselahnungsschauer über den Rücken hinab … Silioutz!

Und dabei war, einmal erlebt und erkundet, gerade dieser verrufene Silioutz das gemütlichste, mehr noch: das gemütvollste aller Reviere; der Wald, in dem ich mich daheim, mehr noch: so volksdaheim, volksgeborgen fühlte wie in keinem anderen.

Vielleicht gerade darum, weil er zum größten Teile dem Volke, dem allbeseelenden Slawenvolke, seinen Geistern und seinem Leben gehörte.

72 Helden aus alten Sagen
73 skandinavisches Königsgeschlecht

Weil er ganz Landschaft war und nur an wenigen Stellen Betrieb. Weil die Jahreszeiten über ihn geboten und nicht die Wirtschaft. Weil das Volk diesen seinen Landschafts- und Lebenswald – „Dorfwald“ mag auch die wahre Bedeutung des Namens sein – mehr schonte als die Herrschaft in ihrer organisierten Not den Ihren.

Schon der gelinde Gang zum Silioutz hinan war reiner Genuß.

Tausend Schritte lang durch den oberen Park mit seinen Stätten der Andacht und des Gedenkens, der trauten Schönheit und Überlieferung: dieses Paradies der Landschaftsgestaltung, das die Väter und Mütter, schonend und reutend, pflanzend und ordnend aus Wildnis, Weide und Wüstung gleichsam herausgeschält, herausmodelliert – wie der Maler aus gelbem Grund mit blauen Schatten und flimmernden Lichtern den plastischen Baumschlag.

Schmachtendes Nocturno[74] des Parkes, Lento appassionato[75], Schumann und Chopin, von Beethoven das geisterhaft windklagende Trio der Opus sieben, den ersten schauernden Mondscheinsatz, die dumpfaufbrausende Gespenstersonate, das hohle Allegrett[76] der siebenten Symphonie, von Schubert das nachtigallene, das jasminene Lautenständchen oder das unheilbare, flüchtig nur von durchbrechendem Strahl verklärte Weh des Cismollenen Totensatzes seiner zehnten, der letzten Sonate in nachklingender Seele … Wer niemals einen großen einsamen weitflächigen Park der heiligen Haine und Bäume in Nächten, rosenen Schwülnächten, mondenen Goethenächten, philomelischen Chopinnächten, aufgerissenen Sturmwühlnächten, Wetterleuchtnächten, kyprischen Krokusnächten, Adonisnächten[77] erlebt, der hat noch gar nichts erlebt.

74 Nachtmusik
75 musikalische Tempobezeichnung
76 vgl. FN 75
77 besonders romantische Nächte

Da ist hinter der Gruftkapelle der hohe schwarze Grabeswald, in dessen Tiefe, Schoß einer Doline, Mutters Vater, der ehrwürdige Patriarch der Landschaft, Vater und Schwesterlein – und heut schon alle anderen, Großmutter, die Edda des Hauses, Mutter, die Heilige der Gemeine, und ein kleiner Bruderssohn unter borkenen Naturkreuzen und Eppich ruhen. Da schatten überm Steintisch die beiden riesigen Platanen, erfüllt vom Ampelduft der Orchideen. Dort schimmert die große Birke, daneben der mächtige Tulpenbaum; hier wölbt ihre schirmende Hängezweiglaube die kleine und doch so stimmungsvolle Sophora[78], auf Stichen neben ein Urnenmal der Wertherzeit zu setzen. Mein ganzes Herz aber gehörte der ungeheuren Ulme, in deren tieferem Geäst sich immer schrägschwankend die fahlen Ohreulen wiegten, auf ansteigender Höhe zwischen faunischen Wiesengründen. Von ihr ging die Lehrgeschichte, Urgroßvater habe sie einst, da diese Teile noch Weidewildnis, sie selbst ein Heister gewesen, zu irgendwelchem vogelstellerischen Behufe umschneiden wollen; Ur-Urgroßvater, der eigentliche Parkbegründer, Schüler der älteren Woerlitzer und der Weimarer Anlagen[79], habe ihn dabei gefaßt und unterm spanischen Rohr mit der Lektion, daß vor tausend selbstgepflanzten Bäumen kein einziger kleinster zu fällen sei, einprägsam vertraut gemacht … Weiter hinauf, hinter einem druidenfinstren Thujenhain, kam der früher unheimlich gewesene „Schlangengraben“, in dem es tatsächlich, noch zu Vaters Zeiten, von gorgonisch verknäulten Vipernkönigen und weithin schuppenrauschenden, zischenden, stinkenden Vipern-Großhochzeiten gewimmelt; jetzt eine mädchenlichte Birkenzeile, in der es nichtsdestoweniger umgehen sollte; drunten im Tiefdunkel einer karstischen Talwanne rauschte traumleis der eiskalte Born. Noch eine schöne dichte Schirmfichte, an der ich besonders hing, und als Letztes die Hopfenbuche, einzige wohl der ganzen Landschaft,

78 japanischer Pagodenbaum
79 berühmte Parkanlagen

für das Kind schon ob der Härte und Schwere ihres Holzes Gegenstand scheuer Andacht ... Dann war man von gestaltender Kunst in die Natur entlassen: und dort unterm Monde schimmerte fernzart die Nebelkontur des Silioutz.

Ein gelindes Wandern, ohne scharfen Anstieg, goethisch und eichendorffisch immer in den Mond hinein. Schlummerweiler, Kestenbusch, kleinschachtlig Bauerngefild über die Dolinen hin; von jedem dieser vernisteten Häuser weiß man seine Chronik, schlichte und rührende, mitunter dunkle und blutige. Franz Stojs, wahrscheinlich Stoß und verslawter Deutscher, hat wegen Totschlags lange in Gradiska[80] gesessen, Prachterscheinung von Mensch mit seinen dicken weißen Brauen, seinen bösblauglühenden Augen, seiner mächtigen gekrümmten, immer noch gewalttätigen Gestalt; seine Buben, Bilder von blaublonden Burschen, von Kind auf die gemeingefährlichsten Kerle landauf und ab, Kirchenräuber, Tierschinder, was noch alles, die geborenen Erbverbrecher. Novosel Jure, zu deutsch Neudörffer Georg, das hübsche Gehöft hinter Walnußbäumen und saubergefugter bromdornumsponnener Kyklopenmauer[81]; uralt, Schirmbrief schon aus Kaiser Ferdinandi des Anderen semper Augusti[82] Zeiten, aber vor der starken Prise groben Hagels, die er einmal aus der Flinte eines überhitzigen steirischen Jagdgehilfen, noch obendrein keine vier Stunden nach dessen Dienstantritt bezogen, hat das Pergament den jetzigen Träger der Dynastie nicht beschirmt. Verdammt, das war damals eine Geschichte gewesen mit diesem giftborstigen kleinen Blasius Köck, so hieß der Springnickel; wird von mir frisch vom unausgepackten Koffer weg auf einen ersten Orientierungsgang geschleift, wir vernehmen dämmerheimwegs einen verdächtigen Schuß, machen leiser, da wischt der Steirer mir vorbei und voraus hinab gegen einen Kreuzweg, doppelt blindwütig hinter irgendwas her, ruft mir

80 Ort mit Gefängnis in Kroatien
81 Mauer aus großen Felsblöcken
82 Kaiser Ferdinand II.

triumphierend zu: „Liegt schon, Herr Baron!“ … und ich hör richtig dieses Irgendwas den Hang hinunterkollern … Viel ist nicht draus worden, niemand hat geredt, auch jenes Irgendwas nicht, mußte es gleich etliche sechs Wochen auf dem Bauche liegen und sich sogar den Doktor verkneifen: denn es war Vizebürgermeister … Aber da war mir beinah noch der Nächste lieber, Franz Pasch, das milchrahmstrudelzarte Wiener Büberl mit smaragdgrünem Velourhut und riesigem Antilopenbart, spannhohem Doppelkragen und winziger aber aufreizend apfelgrüner Blechsteckkravatte; der hat sich wenigstens auf dem ersten Reviergang, für eine halbe Stunde zurückgelassen, gleich für die ganze folgende Nacht unauffindbar verirrt, bitterlich geweint und auf den heimatlichen Naschmarkt zurückgewunschen … Wo waren wir stehen geblieben? Richtig, im Weiler Periše, Haus Nummer eins; hier: Nummer zwei, Familie gleichen Namens, ein denkwürdiges Dach; Tochter nämlich war zeitlang gelehrige vielversprechende Herrschaftsköchin, häßlich, fromm, rot, sommersprossig und tugendhaft, aber Pfannkuchen, so grad richtig ein Spurdüftchen angebrannt, buk sie wie keine zweite; glaubte hinterher doch heiraten zu müssen, schade, großes Talent, vielleicht Genie … Drunten der Schluchtkessel des Brusnik; da haben die Römer den porösen Fels zu ihren Meilensteinen und die Provinzialen zu ihren Votivtafeln mit dem Medusenhaupt und den Delphinen gebrochen; und tausendachthundert Jahr später hab ich ebendort immer meine Allerheiligen- und Weihnachtsferienhasen vor der roten bosnischen Bracke geschossen, und noch lange nachher, jedesmal auf den ersten, spätestens zweiten Nebelmonds den zum vierten, Sankt Karls Fest und des Bruders der alten Fanny, des quieszierten[83] Laibacher Magistratsbeamten Namenstag fälligen Traditions-, Obligat- und Deputatbraten: wehe, wenn er nicht rechtzeitig zur Stelle und nicht nach Erwarten groß, schön, schwer, dabei jung und sauber

83 in Ruhestand versetzt

erbeutet war! … Emeritierte Kinderfrauen haben, hör ich, selbst vernarbten Helden, Kanzlern und regierenden Königen ins Geschäft der Weltgeschichte dreingeredet.

Beglänzte Hügel, einsame wettergraue Keller- und Preßhütten, in denen um Micheli die Winde knarzt, um Theresien unter Tierkreises Herbstgestirnen der Gärsturm braust … Wein ist es ja nicht, was sie da unter Müh und Opfern aus der lausfesten amerikanischen Rebe ziehen, aus herrlichen Strotztrauben, saftstarr wie ein reifer Mädchenbusen, oft nur eine jauchtrübe Schwefelsäure; einzig der blaue fette Portugieser, um Bartholomäi, spätestens Aegidi schon gekeltert, ja, der läßt sich trinken, der rinnt füllig und führig: und muß denn auch vor Lichtmeß, besser noch vor Wintersonnwend schon weggepichelt sein, oder er bricht, erlischt und stirbt, er verträgt keine zweite Sonne. Dazu heißgoldgebratene Aschkastanien aus dem Hirtenfeuer oder Backofen, jede mit ihrem kleinen würzenden Brandfleck, beizbraun wie die Eichhörnchensohle, oder einen Keil vom halbfetten Wocheiner Käse: homerisches Halbgöttermahl wie aus Ithaka's[84] Schläuchen, Eutern und Wäldern … Jetzt linkshinab plötzlich das Rauschen einer gähen ungangbaren Finsterschlucht; diese mit ihrem aus Höhlen verstärkten Bach der Durchbruch eines lieblichen nebelglanzerfüllten Buschtales, Talgrundes der Sommernachtsträume; und gleich dahinter als dunkelruhende Masse, selig überschauert, das große Geheimnis, der Silioutz. – – –

Irgendetwas hatte er schon an sich, der Silioutz. Alles war nicht Mär und Kunkelgerücht, von den Jägern dem ergruselnden Weibsgesind vorgeschnackt. Verlaufen, fürs erste, konnte man sich im Silioutz schöner als irgendwo. Irrwurz und Farnsamen, hier waren sie daheim, und Schrat nebst Buschgroßmutter, Bregostan[85] und bockshufiger Čatež[86] noch obendrein.

---

84 Heimat von Odysseus
85 Waldgeist
86 vgl. FN 85

Ein breiter Langrücken, ein Bergsporen, und auf diesem Doline an Doline, ihrer fünf oder sechs davon bestockt mit dreimannshohem dichtem Kastaniensteckenschuß; mehrstundenlang konnte da einer zwischen diesen Kulissen zukünftiger „kongo“-knotiger[87] Spazierhölzer, Zaun- und Weingartpfähle, Telegraphenstangen und endlich Fruchtbäume auf völlig ähnlichen Rotlehmwegen im Hexenkreise herumtorkeln, er geriet aus einer Doline in die andere, der letzten zurück in die erste, und hinten in der Runse der Orehova Draga zur Bregana hinab lachte der Neck.

Ich selbst empfing aus eigener Betörung die Lehre. Das war ganz zu Anfang einmal gewesen, noch bevor ich diese Provinzen genau durchforscht; die Kundschafterritte meiner Knabenzeit hatten mich gerade hierher seltener geführt, es gab da nichts in Mutters Auftrag zu inspizieren, auch änderte sich wohl während der späteren Schuljahre das Bild. Eines trübschwülen Nachmittags also, wie ich mit der guten gemütlichen Büchsflinte im Silioutz der akademischen Freiheit genoß, stieß ich am Hochholzsaum einer der hintersten Dolinen auf frische Gefege und Beschlächter, und weil eben diese gefällige Doline, zum Teil nur stockbebuscht, zu größerem hochvergrast und sogar mit dem bescheidenen Versuch eines Waldackers, einer „Fratten“ verziert, guten Ausschuß bot, setzte ich mich genüber aufs Geratewohl an. Richtig kam so gegen siebenen der Bock – oder wenigstens irgendeiner der vielen, zu zwei Dritteln unbekannten und unnumerierten Böcke; und sintemalen er an hohem häßlichem Gehörn sechse zeigte, war er mir durchaus gut genug: junger Durst, ob in Vino, Venere oder Venaticis[88], macht nur gröbste Unterschiede. Auch war es in diesen halbparadiesischen Wildgründen fast gleichgültig, welcher Bock nun an der getalgten Expreßkugel starb, die meisten bekam man ja überhaupt nie zu sehen. Im dicken Schmauchblitzknall stand der Getroffene fast senkrecht auf den Vorderläufen,

87 bambusartig
88 Wein, Liebschaft, Jagd

dann ging er in schwerfälliger Krummflucht ab, glücklicherweise gradaus hinein gegen den anstoßenden Steckenschlag und nicht in die abschreckende Steile des Bannholzes zur Bregana hinab, aus dessen Tiefe herauf er gestiegen. Leberschuß; nach einer Viertelstunde hatte ich, schweißgeführt, den Verendeten, ziemlich alten und gewichtigen Kampel, beim schäbigen endenmatten Gehörn. Dem folgte die Viertelstunde der ersten, dieser nach der Viertelstunde der roten Arbeit die der zweiten Totenwacht; und in diese zweite Totenwacht hinein intonierten schon Kauz und Habergais[89], Ohreule und schnurrspinnende Nachtschwalbe den Canon ihrer Vigil, die dunstige Dunkelheit fiel wie ein dumpfer Deckel, Tropfen tappten auf wie tausend tastende Tritte, dann hielt es noch einmal ein. Das war ja weiter nicht schlimm. Binnen einer halben Stunde würde ich aus dem Walde heraus sein. Ich war es binnen einer Stunde noch nicht annähernd, noch nicht zum ersten Siebentel oder Siebenundsiebzigstel, noch nicht einmal im entferntesten Vorbegriffe. Es hatte nun richtig zu regnen begonnen, schwül und schwer; matte Blitze, verwaschene Donner. Immer wieder bekam ich, die verwünschte zerrende Schwanklast auf gewechselter Schulter – in den Rucksack ging ja solch besserer Uskokenbock niemals hinein – bekam ich den vermeintlich oder wirklich selben grusknirschenden ausgegleisten Weg unter die Füße, immer wieder führte es mich in dieselbe oder eine andere Doline und plötzlich in gesträubt starrende Steckendickichte, Stolperstorren und Strauchelstubben und niederprasselnde Laubgüsse. Ich strömte. Ich dampfte. Ich sott. Keine weisenden Umrisse mehr. Nur von dem Horst der hohen Eichen am Rande der einen Doline war mitunter, bei blaublassem Blendblitzhusch, etwas zu ahnen. Einmal, nach flüchtig wahrgenommener Kontur, durch Dick und Dickst, klatschende Brausen, sperrige Stauden, zwängende Zwiesel, hemmende

89 Sagengestalt, hier ist ein schreckendes Reh gemeint

Heister – immer natürlich den hundsvermaledeiten Dreckbock am Buckel – verbissen mich durchwürgend, glaubte ich jene, meine ratlosen Irrschlingkurven vielleicht doch irgendwie koordinierenden Bäume halbwegs in Richtung zu haben; gählings fühlte ich das Gelände unter den Sohlen verdächtig niederwärts weichen, meinen ganzen irdischen Ballast samt Anhängen in Glitschwurzelrutsch, Fall und Abfahrt, und das Unkörperliche in mir nach glücklich gewonnenem Stemmhalt und einigem Besinnen nicht abgeneigt, diese dachschüssige Umwelt unsichtbarer Widerstände für jenen Bannwald, den Hang der berüchtigten Orehova Draga halten zu sollen – es konnte aber auch ebensogut der anderseitige Hang des Kališki Jarek oder der drittseitige des Kalinski Bukowje sein. Den Bock hatte ich verloren. Merkwürdigerweise bekam ich ihn beim ersten Versuche schon zu fühlen. Er lag über mir, aufgefangen hinter einem geringen Stamm, und heute noch weiß ich, daß an diesem Stamm ein schwacher Efeustrang sich hinaufwand und daß ich daraus schloß, daß es ein Feldahorn, Maßholder sein dürfte. Und mehr noch schloß ich. Im Tasten um den Bock bekam ich krümellockere Lauberde zu greifen, solch mulmiger ulmiger Erde waren dank dem Abrutsch auch meine Schuhe voll, man befand sich mithin wahrscheinlich doch in der ekligen „Orehova Draga“, denn gerade diese, soviel Revierkenntnis besaß ich schon, zeichnete sich unvorteilhaft durch solcherart Boden aus, erlaubte darum auch keinen Kahlschlag, stand vielmehr unter Bann. Schön, und was weiter? … Hinab, und unten hinaus zur Bregana, die rauschen zu hören ich mich bei dem Regen vergeblich anstrengte? … Ich danke. Die „Orehova Draga“ ist ein langer vielbuchtiger Abfall, eine Bank gleichsam von durchschnittlich zwohundertfunfzig Metern Talsohlenhöhe und fünfunddreißig-, teils wohl auch vierziggrädiger Neigung, unterbrochen durch Runsen, Riesen und Risse und bestockt mit unerforschlichem Wirrsal. Ausgeschlossen. Zwanzigmal würde ich über schneckenglatte Wurzeln weg abfahren und

Mokriz (Mokrice), Kupferstich aus Johann Weichart Valvasor (1641–1693): Topographia Ducatus Carnioliae modernae das ist Controsee aller Stätt Märckht, Clöster, undt Schlösser, wie sie anietzo stehen in dem Hertzogthumb Crain, Wagensberg: Mayr, 1679, Blatt 149

Mokriz, Kupferstich aus Johann Weichart Valvasor (1641–1693): Deß Hochlöblichen Hertzogthums Crain Topographisch-Historischer Beschreibung Eylfftes Buch …, Nürnberg: Eltder, 1689, S. 378

dreißigmal den Bock verlieren, und wo ich, wenn überhaupt mit heilen Gliedern und Augen landete, das wußte Gott allein ... Überhaupt, dieser Mistbock, elendige; der war an allem Schuld; hätt ich ihn bloß gefehlt; und überhaupt, was ein anständiger Bock ist, der tritt vor solchem Sauwetter gar nicht aus ... Am liebsten gleich hätt ich ihm einen Tritt in die Leiten hinunter gegeben; sollen ihn die Füx fressen! ... Halt in aller Heiligen Namen obenwo hinaus. Am Gehörn zerrte ich den Krampen, miserabligen, zurück bergan, soweit ich mich eben hinab vertapert verrutscht verwalgt. Zwanzig oder dreißig Schritte nur, doch welche Arbeit, gegen Rieselgrund, gegen entblößte Felsstufen, gegen Waldrebengeschling, gegen wasserauskippendes sperriges Baumzeugs, gegen triefende Finsternis; kein Krailen wars, ein Kochen wars zu nennen. Aller Augenblick, wofern es in absoluter Nacht und Schwärze Blicke der Augen gibt, verhängte und verhakelte sich mir der Bock; riß mich am scharfperlgratigen Krickel ruckhaft retour, oder ich mußte ihn fahren lassen und von Frischem fahnden und fördern. Den Schädel drah ich dir noch o, Luder, unnutzes! ... Alles hat einmal ein End. Uff; hier schien man richtig irgendwie irgendwo irgendheraußen und droben zu sein. Eratmen. Verdampfen. Fünfundzwanzig Meter, oder was warens ihrer schon, und die damals weiß Himmel strammen Schenkel schnackelten mir. Wanns noch ausgiebig und aufrichtig blitzen wollet. Aber keine Red. Allem Vermuten nach hatte man jetzt wieder vor und unter sich das Irrsal der Steckenschläge und Dolinen, und der Tanz mit der starren Bockschaukel auf der Schulter konnte von Neuem losgehen. – No Servus. Bravo. Habe die Ehre. Hat sich was, Schulter und Schaukel; Schnecken! War jetzt nicht dem Malefizkrampen von Bock die laufkreuzende Strippe abhanden kommen. Weder in der versumpften Pechfinsternis der Taschen noch in jener des Rucksacks auch nur drei Zoll einer zweiten. Aber daß ich das Futterälchen mit sämtlichen Kugelpatronen und die Schrotpatronen dazu als Waldsaat angebaut, konnte ich bei dieser

Gelegenheit feststellen. Waren überhaupt noch die Kurzpfeife, die damals gerauchte, und der katzenhäutene Beutel voll Latakia, dem damals geschmauchten, vorhanden? Diese beiden, seltsamerweise, ja. Immerhin etwas. Vielleicht spann damit eine neue Glückssträhne an. Aber der Bock? Nach Art des Guten Hirten, wie das verlorene Lamm überm Nacken, konnte ich das tote Vieh nicht durch diese Labyrinthe herumschleppen. Schleifen auf die Dauer auch nicht, noch weniger. In irgendeinem Märchen kam ein Mensch vor, der mußte ewig eine Leiche rumhucken; so ungefähr. Aus Waldrebe, Srobotina, kann man ja einen wunderschönen Strick, Art Wiede zurechtdrehen. Aber wie jetzt im Finstern gleich eine Waldrebe geeigneten Kalibers zu fassen kriegen? Denn mit den Zündhölzern – hatte ich die überhaupt? – na, natürlich nicht! – doch, Sankt Florian nebst Sancto Antonio von Padua heißen Dank, ich hatte sie! – mußte ich heilig sparsam umgehen. Also denn Sehnen auslösen und durchschränken, so gut im Pitschdunkel möglich. Das heißt, wenn ich den Knicker – doch, den spürte das rechte Hüftbein nur allzudeutlich – diese blödsinnigen geperlten Griffe – –. Daß ich mir dabei in die linke Hand schnitzte, konnte nicht ausbleiben. Ging schon in Einem hin. Schien noch nicht zu laufen, die Glückssträhne. Wenn ich nur wenigstens die Doline des Anschusses derraten könnt. Von dort wäre vielleicht der enge Pfad nach dem berüchtigten alten Bosniakensteig zu derschmecken, und auf selbigem klingenschmalen Bosniakensteig, ungut und steil, röllig und wurzlig, griesig und grimmig, wie er schon bei Tage war, mit Geduld und Bedacht, Fuß halt vor Fuß, das Tal der Bregana, damit die Straße, der weite aber klare Heimweg zu derglengen. Was sind Hoffnungen, was sind Entwürfe? Wo Anschußgegend und Pfad? Zur Rechten irgendwo hinab, aber bis hin, dazwischen weiß Teixel wie viel verstaudete weglose Irrsal. Am gescheitesten halt, gleich hier übernachten. Zerlaufen wird man schon nicht. Bissel langweilig eben, ungemütlich und naß. Wanns wenigstens

Hochwald wär, mit ordentlichen Storren zum Hinhocken, oder ein dicker Fichtenhorst. Wie spät? Keine Ahnung. Das Grünhorn im tiefsten Felsengebirge konnte nicht verlassener sein. Plötzlich, wie das bei solchen Schleichgewittern schon ist, zerriß ein starker langer Blitz den Himmel von Aufgang bis Niedergang, und ein schwerer Donner folgte, rollwuchtend von Stuf zu Stufe der Wolkenabgründe, bis er auf die erklirrende Erde niederdröhnte und verlosch. Gesehen hatte ich nichts dabei, nur geblendet und ganz aus dem Kompaß geraten war ich; buntflimmernd stürzte die Finsternis überm adrigen Feuerspalt zusammen. Es begann wieder lebhafter zu regnen. Hier war kein Schutz. Ah was, ich probiers halt. Wenn ich im Rücken die Orehova Draga hatte, und ich bemühte mich sie im Rücken zu haben, dann war gradaus drüben das sogenannte Hruškovje, ein nach etwelchen vorkommenden Wildbirnbäumen so benanntes höheres Hainbuchenholz, und dort der Hauptkreuzweg des ganzen Silioutz, mit den leichter zu haltenden breiteren Gleisen nach Brezje hinaus. In blindwütiger Tatkraft ging ichs an. Schon wieder zog es mich steil hinunter – Orehova Draga? Doch nein, das hier waren Stecken, Stockbüsche; also eine der Dolinen, soweit wäre man richtig. Nach zornschwülen Anstrengungen, Mistbock immerzu hinderlich im Gezwäng durch das Zeug und Gezäh, eine fühlbare Ausebnung des Geländes, die man unter Umständen für den Boden des Trichters oder Kessels halten durfte. Eben jetzt zerkeilte ein zweiter Hauptblitz weißglutadrig die Nacht. Wieder nichts zu sehen als bunter Wasserstaub, und dahinter eine völlig fremde, unnatürlich schwefelgrüne grell aufgerissene Waldlandschaft vor unmalbar stumpfpurpurschwarzem Hintergrund; ehern fuhr der Kriegswagen des Donners übers widerhallende Gewölb. Wunderschön und erhaben, aber im Augenblick wäre mir eine stäte stille Stallaterne lieber gewesen. Nun neuerlich bergan, wie zu erwarten; das konnte stimmen. Und wenn nicht, irgendwo hat ja jeder Wald ein

Ende, meinetwegen erst in Jaska, Karlovac oder Banjaluka[90], aber doch irgendwo, das ist schon ein Trost ... Halt, dieser Baum, gegen den ich eben gestreift, das war nicht Kastanienschuß, das – das war – das war – war Weymouthskiefer, ja, junge Weymouthskiefer. Glatte Borke, Pech an der linken Hand – vielleicht war dies der Ausgang der Pechsträhne – gut übrigens für den brennenden Schnitt, das Pech – der Ärmel klebte auch – ja, junge Weymouthskiefer. Wo aber tat ich gerade diese unserer ich weiß nicht wie viel tausend und zehntausend, elftausendfünfhundertdreiundzwanzig Weymouthskiefern hin? ... Ich strengte mich an: und sah als Ergebnis solcher Bemühung vor innerem Aug eine Lücke im Stockstaudenschlag, eine größere Lücke, drauf standen über silbergrünem Moos und Heide vereinzelt ein paar, drei oder fünf etwa fünfzehnjährige, schon aufgeastete Weymouthskiefern; mit der Kastanie und ihrem Boden gingen sie ja so gerne zusammen. Stimmt; und Heidekraut hatte ich auch unter den Füßen, und eine Blöße schien hier zu sein. Aber dann war ich ja in nächster Nähe des rotlehmigen schiefgleisigen Weges über Schlag und Schlucht des Kališki Jarek, und nicht weit jener gesuchten Kreuzung! ... Tatsächlich. Zehn Schritte, und schon stolperte ich fast hinab in den Fuhrweg mit seinem rechtsseits etwas erhöhten Heidebord; und ließ den Bock, diesen Sindbadschen Meergreis[91], halberlöst von der Schulter gleiten, und setzte mich mitten in den Regen auf die Moosheidebank, und stopfte aus Tabak, Harz, Blut, Schweiß und Hutkrempentraufe eine Friedenspfeife.

---

90 Orte in Kroatien und Bosnien-Herzegovina
91 in der Sage klammert sich der Meergreis an den ihn tragenden Sindbad

Auszüge aus:

Friedrich von Gagern

Grüne Chronik

Österreichischer Jagd- und Fischereiverlag
Wien, 1948

Aquarelle. – Ein Uskokenbock.

Die Sache war die, daß ich: erstens einmal den Waldgrasschnitt in einigen bestimmten Revierorten gegen Meistgebot vergeben, zweitens einen womöglich nicht zu alten Küchenbock schießen, drittens am folgenden Tage, einem fünften Juni, wenn auch nicht sogleich mit allen Schikanen, aber doch so annähernd und von weitem mich verloben sollte. Ferner die, daß ich, angesteckt durch irgendwelche angeflogene Gifte, eben damals die Meinung gewonnen hatte, mit meiner alten, zähen, treuen Hahnenbüchsflinte und ihrem molligen Elfmillimeterbleistumpf nicht mehr ganz auf der Höhe zu stehen und mir etwas Schlankes, Rasantes, Modernes, Elegantes zulegen zu müssen. Weil aber, bisher nichts als unbefangener Jäger, annoch in den Anfangsgründen der tieferen Pulverwissenschaft befindlich, nahm ich das berühmte Sechseinhalbmilli ohne Ansehung seiner inneren wie äußeren Mitgifte, vom eben dazumal am Anbeginn seiner Ruhmesbahn stehenden Mannlicher-Schönauer schließend, für den selbstverständlichen Inbegriff aller erreichbaren Seligkeiten, griff derohalb – Repetierern von wegen des kurzen Laufes abhold – zu einer bildhübschen, äußerst genau zirkelnden einschüssigen Mauserbüchse, Patrone sechsfünf-achtundvierzig, Geschoßgeschwindigkeit so um fünfhundert Meter-Sekunden, und meinte damit den Gipfel der Wünsche und Unfehlbarkeiten erklommen zu haben. Dies also die gegebenen Punkte und Längen, mit denen diese ganze einfache Geschichte zu triangulieren.

Die Waldgrasversteigerung war eines frühen Nachmittags schnell überstanden, es folgte das schon etwas interessantere Kapitel des Küchenbockes, um dessen Erlangung willen ich die mit ihren Geboten und Gegengeboten ganz überflüssig lärmenden Agrikel auch möglichst zeitig aus dem betreffenden Revierteil abgeschoben. In diesem Schlage, genannt der „Eidechsengraben“ – und in Wahrheit gar kein Graben, sondern eine, wenn schon bestockte, darum nicht minder typische Karstdoline, wie sie sich auf dem breiten Bergrücken zu Dutzenden aneinanderreihten – in diesem Schlage also wußte ich zwar nur einen ganz schwachen Sechserbock, aber der gerade war mir zum gedachten Zwecke recht. Um sechs bezog ich meinen Stand, um halb acht peitschte der stahldünne Schuß der neuen Büchse den Gegenhang hinauf, und der Bock zeichnete überhaupt nicht, er warf sich nur herum und ging in den hohen, keineswegs übereilten Fluchten eines Kerngesunden nach dem Buchenholze zurück, aus dem er getreten. Dorthin nach rechts glücklicherweise, und nicht die dreißig Schritte nach dem Grat hinauf und jenseits in die maßlos steile und tiefe Lehne des Bannwaldes gegen das Breganatal hinab, Nachsuche in jener rutschkrumigen, dabei dschungelmäßig verfilzten Leiten gehörte zu den Schreckgespenstern jeder Birsch in diesem Revierteil.

Nachgesehen aber mußte werden, und das, wie sich zeigte, mit Recht; den beobachteten Zeichen entgegen fanden sich einige zwölf Schritte vom Anschuß weg schon ganz beträchtliche kirschrote, teils stumpfsiegellackrote Schweißspritzer. Blatt; Lunge; nun also!

Wie ich jedoch der erträglich gut erkennbaren Wundfährte nachhängend – etwas unbedacht und regelwidrig, ich gebe das zu – an das eindunkelnde Holz herantrat, es einblicken und den vielleicht schon verendeten noch an diesem Abend vor dem morgenden kritischen Tage erster Ordnung bergen zu können, rumpelte der Bock nah vor mir auf und in Tiefen der Dämmerung hinab. Da blieb denn nichts übrig. Als Vorgeschmack zum Todesurteil auch noch eine übernächtig-frühe Nachsuche.

Und ich war damals noch jung und liebte das grüngoldne Leben, wenn ich auch, aus Ahnentrieb her zum Jäger verdammt, nicht immer darnach gehandelt … Schnarrende Nachtschwalben umspannten meinen Heimweg die Waldblößen hinab, die jungen Waldkäuze zischten heiser in den Tiefen, über brauenden Südfernen spielte Wettergeleucht …

Zu Hause erzählte ich lieber schon gar nichts von all dem Konflikt der Pflichten und Gefühle; nur dem „alten Johann“ – manchem der Leser bekannt aus meinem „Birschen und Böcke“ und aus meinem Roman „Die Straße“ – vertraute ich mich zur jagdlichen Hälfte der Angelegenheit an, und mit ihm wurde der Kriegsplan verabredet: dahingehend, daß wir uns um sechse des Morgens etwa bei der jene Schlagmulde vom oberen Südrande her beherrschenden „alten Eiche“ treffen und dann zusammen, er mit dem Rauhteckel „Krampus“, ich mit dem Braunkurzhaar „Lump“, die Schweißfährte bearbeiten sollten. Ich hätte auch die andere Hälfte meiner Gemütslast getrost auf den Alten abwälzen dürfen. Gesegnet mit einer wahrhaft gespenstigen Hexenvettel von Lebensgefährtin und einer Unlast reinrassigster Eheprodukte, hätte er tiefstes Verständnis dafür gehabt.

Es schlug zwei, es zeigte halb drei: da nahm ich das Gewehr, nicht die schlanke neue Modebüchse, sondern die wuchtvertraute alte Büchsflinte, einige der schwerlötigen Bleipatronen dazu auf alle Fälle und stahl mich über die 66 Stufen meiner Turmklausenhöhe an der schnarchenden Küchenuhr und der eiligen Flucht der schwarzen Schwaben vorbei hinaus in die kühle Freiheit der Früh.

Das Gewitter war wieder stumm unter den Saum der Südfernen zurückgesunken; rein blinkten die verblassenden Pfingststerne. Im Ost über den Hügeln ruhte ein ätheriger Vorschein, vom breiten Bug der Save[92] aus dem Dunkel der Niederung emporgespiegelt; es war bissig frisch. Die Jungkäuze zischten, irgendwo in Wipfelmassen der Parkfichten meldete schon eine Wachkrähe. Kuckucke in unermüdlichem Wechselschlag zu Hunderten allher aus der ganzen Landschaft; aus jasminenen Tiefen die chopinsüße Herzkantilene der Nachtigall; über erstes Schleifen eines Wetzsteines im Tau empor perlten die Lerchen. Grasruch, Nachtschattenduft, bald werden die Schwaden, die Tage bald

92 Fluss in Kroatien

fallen; es ist die Zeit, da das sehnsüchtige Sommergeschöpf keinen Schlaf kennt, nur Leb, Lieb, Lust in alle Ewigkeit. Der Mensch aber geht fluchbeladen durch all die dankbar psalmodierende Verzücktheit, denkt an ein Naturgebild, das durch irgend Zufall oder Vorzug um eines Fingers Breite länger und um drei Grashalme dicker sein könnte als ein anderes schon geerntetes der gleichen Art, brütet im finsteren Geiste Ziffern und Zahlen – und tötet …

Dann durch die Vorhölzer hinauf geleiteten mich all die vertrauten Gespenster und Gestalten ringenden Zwielichts: der drohende Strunkriese am Wege, die Unform der verknorrten Femmelbuche, unheimlich Laufen durch Strupp und Strauch, webende Schemen, Schauer der Frühe, Spukvolk ewig heidnischen Jägertums. Und mancherlei wölkende, nebelnde, aus heimlichen Innentiefen aufsteigende Gedanken. Im großen ganzen denkt man ja zu viel; in diesen besonderen Fällen aber bisweilen zu wenig.

Und nun stand ich unter der „alten Eiche“ über der Schlagmulde, taublau im Schauer der Frühe; all die erwachende Pfingstwelt rings von Blüte und Vogelstimmen ein Schwall. Die „alte Eiche“, als solche bekannt und benannt im Volksmund wie in den Bestandeskarten, war ein machtbreiter Donarbaum[93] aus urvordenklich früherem Waldgeschlecht, an die acht Meter Umfang spannend, Beil und Säge hatten ihrer als eines geweihten einsamen Wahrzeichens ehrfürchtig geschont, die Turteltauben buhlten, der Schreiadler blockte in ihrer krausen Krone, wie unter Yggdrasils[94] Weltschatten trat unter ihrem knorrigen Wurzelgestühl hervor ein kalter klarer Quell. Manchem guten Bock schon hatte ich hier tabakumwölkte Totenwacht gehalten, im goldgrünen Maienfrühling, im glastlodernden Hundsmittag, im Spätsommer, wenn drunten über das traubige Hügelgeländ’ schon die scheidenden Stare schwirrten. Gerade in diesem Grund stellte sich immer irgendwoher irgendwas ein; er war

93 Eiche (Donar = Donnergott)
94 Esche in der Edda-Sage

unerschöpflich, kellerwarm im Winter, kellerkühl im Sommer, die Geheimsten aus ihren unzugänglichen Einständen, undurchdringlichen Laubdickungen voll ewiger Äsung, kamen irgendeinmal hier zum Vorschein. Nur in diesem aufgehenden Jagdjahr hatte sich bisher nichts Rechtes gezeigt, außer dem angeschweißten Krüppelsechserling vom Vorabend, außer der steinalten, schwerkapitalen, jedesmal verläßlich anzutreffenden, kuhvertrauten Geltgais dort, der Ricke mit dem strammen Einzelkitz grad vierzig Schritt unter mir, dem Schmalreh drüben unterm Grat, dem noch hastigen spielerischen Spießbock, der eben von links aus einem Steckenschlag her übermütig in die Morgenäsung hereinsprang, und – ja, und dem ganz klobigen dunklen Mordsbock, der soeben unfern von dem gestrigen Anschuß auftauchte und stichgrad, umsichtig nah an einem Dorngedick hin, in der unsteten schnellen Weise der Altgebrannten sich zur Tiefe des Kessels herabäste.

Da hieß es handeln. Für die alte Büchsflinte und ihr gemütliches Schmierblei war der Schuß über die trennenden zweihundert Meter viel zu weit; auch für eine andere Waffe wär er’s gewesen. Wollte ich den Bock haben – und natürlich wollte ich gegen allen Brauch, der vor Streckung wunden Wildes jeden anderen Anbruch verbietet – wollte ich ihn haben, so mußte ich ihm auf einem Umwege, altem Abfuhrwege durch deckendes Stangenholz entgegenbirschen, und zwar schnell, auf Strümpfen; denn bruchknistrige Streu und der rote Dolomitgrieß im Gleis machten lautlosen Schlich auf harten Bergsohlen unmöglich. Kunst war da weiter keine dabei, ich hatte das gerade hier schon mehrmals mit Erfolg gemacht; rund um diesen Schlagkessel kannte ich tatsächlich jeden Stubben und Storren, jede Lücke, jede Entfernung und ihre fallweise Nutzbarkeit. Die Eiche stand oben hart am Rande gegen den erwähnten Steckenschlag; vor den anderen Rehen konnte ich mich schnell in Deckung bringen. Aber der Hund, der da hinter mir im kalten Tau zitterte, der braune „Lump“? Er gehörte eigentlich gar nicht mir, sondern meinem Bruder Hans; bis auf eine allerdings glänzende und fasellos flotte Schweißsuche zehn Tage zuvor nach einem mit hohem Leberschuß abgegangenen Bock, einem starken alten Einstanger, hatte ich noch nichts von ihm gesehen. Man mußte es eben wagen.

Und es glückte. „Lump“ benahm sich glänzend. Als ob er das Ablegen der Schuhe genau verstanden – sich selbst ablegen ließ er nicht – glatt angedrückt wie eine Katze kroch er hinter mir her. Jetzt hatte ich den Rand des Stangenholzes erreicht. Die Entfernung von reichlich zweihundertfünfzig mußte damit auf achtzig bis neunzig Schritt abgeschnitten sein. Von den anderen Rehen hatte keines geschreckt. Ob aber der Bock überhaupt noch im Schlage? Er konnte mich immerhin doch vernommen, konnte in der für menschliche Sinne herrschenden Windstille doch einen Hauch von Witterung geschöpft und sich nach Art der Altgewitzten lautlos verdrückt haben ... Doch nein, da war er; jetzt ganz pfeilgerad gegen mich äste er sich herab, so steil auf dem Dache des Hanges, daß seine hirschkäfrige dunkle Krone sich gegen die Rückendecke zeichnete. Was weiter? ... Fünfzig Schritt halblinks vor mir im Grund futterte emsig die alte Geltgais; die wackelte mit keinem Luser. Ich strich an eine junge Randbuche an und nahm dem Bock das Maß über den Hals weg, schräg von oben zwischen die Blätter, wie ich in unseren engschluchtigen Bergen noch ein und das andere Mal einen auf der Dachung der Gegenlehne zu Tal Ziehenden geschossen. Im schmauchigen Schwarzpulverknall sackte er schwer zusammen, und für ein paar aufhorchende Herzschläge lang war ein stockend Verstummen in der Natur, durch all das Blühen und Freuen eine jähe Kluft hinunter ins schwarze Nichts ... Schmerzlos gefällt aus dem ahnungslos genießenden Alltag mit einem kerntreffenden Schlag hinüber in Finsternis oder Licht – so wollt’ auch ich gerne dahinfahren.

Und dann intonierte wieder der Kuckuck, es fiel der Fink ein, der Pfingstvogel folgte, das Leben sang weiter an seiner Fuge, seinem ewigen Kanon von Lieb und Lust und Lenz, con grazia in infinitum[95]. Und die alte Geltgais, kaum fünfzig Schritt weit – und das nur zögernd – abgesprungen, wahrer Kasten an Phlegma und Gebäude, schüttelte ein paarmal mißbilligend verwundert das eselsgraue Haupt und begann sogleich wieder zu äsen. Sie hatte das schon mehrmals mitgemacht, hatte schon vier oder fünf Platzböcke schießen hören, etwelche darunter sogar fallen sehen, sie ging das nichts an, das wußte sie. Immer stand sie da: im Herbst aber, wenn es einmal auch ihr gelten sollte, war sie plötzlich verschwunden. Mochte sie leben, und sie lebte noch erkleckliche Jahre; drei Frühlinge nach der erzählten Begebenheit streckte ich kurz nacheinander zwei Hochkapitale, einen ihr etwa gleichuraltrigen mit engverwachsenen, wüstverschobenen Stangen, einen jüngeren mit knorrener breitgewuchteter Krone von ihrer Seite weg. So ward sie schließlich jener Eiche gleich zu dieses Waldes Ältermutter, die viele Geschlechter aufsteigen und dahinsinken sah. An Pulver und Blei hat sie meines Wissens nicht geendet.

„Lump“, auf den Augenwink verstehend, brachte die abgelegten Schuhe, einen schön nach dem anderen. Durch den beißenden Tau hinauf gings zum Erlegten; eben traf die Sonne mit fahldunstiger Rotglut die ersten Wipfel, da hob ich das schwarzgestirnte Haupt mit den in den schimmelweißen Lidkapseln etwas zusammengekniffenen, opaltoten Lichtern an der faustfüllenden Wehr aus dem Grase. Ein Mordsbock übereinander, mein zweitbester bis hin nach ihrer schon erklecklichen Dekaden; sechsundzwanzig hoch, zehne dick, perlig gerillt, hirschkäferzangenförmig, mit deutlichem Verschub aus der Symmetrale, die Rosen schon leicht gedacht, sechs- bis siebenjährig und achtundvierzigpfündig. Drei Jahre zuvor war hier auf demselben Tagwerk Schlages im August der ganz gleiche, nur etwas jüngere und entsprechend geringere Zangenbock gefallen; auch der er-

95 „con grazia“ – graziös, anmutig (musikalische Vortragsbezeichnung); „in infinitum“ – bis ins Unendliche

wähnte Uralte mit den schon übertrieben verschobenen, um anderthalb Zentimeter höheren Stangen gehörte zur selben Gruppe und Sippe. Und jetzt erkannte ich auch den Geschossenen an einem dünnen, verharschenden Stanzloch im linken Luser. Das war er also, den ich vor fünf Tagen zwei Kilometer weiter nördlich im sogenannten „Martiniloch“, einem anderen solchen dolinenförmigen Schlagkessel – unterm jähen Verdunkeln eines Abendgewitters – eine Entschuldigung muß immer sein! – mit der neuen Büchse so unverständlich gefehlt, der sich unterm Peitschenknall so seltsam, wie stark zeichnend, geduckt, und dann mit einem baßschreckenden Riß nach dem Bannwald zur Bregana hinab in Sicherheit gebracht. Das war er, zweifellos, der nun schmerzlos Ausgelöschte, und er wie ich konnten von Glück sagen, daß das unverläßlich stiftige Stahlblei nicht weidwund oder den Äser oder – eine der klobigen Stangen gefaßt. Von der ereilenden Todeskugel dieses Morgens, die genau wie angetragen zwischen den Blattschaufeln die Wirbelsäule und weiterhin die ganze Geräusch- und Gescheidhöhle durchschlagen, konnte der Bock nicht einmal den Knall vernommen haben.

Und dann saß ich überm Aufgebrochenen an Mimirs Born unter der Welteiche auf Totenwacht, atmete zum Zigarettenduft seinen waldsäuerlichen Aushauch, wartete, lauschte, spann, und die Gedanken wölkten und wuchsen ... Ja, und dann muß man also zum Goldschmied gehen und Ringe kaufen ... Und dann wird man tagelang Anzeigen beschriften müssen ... Und dann jagen Stöße von Telegrammen in alle Welt, die das eigentlich durchaus nichts angeht ... Und dann kommen die schrecklich rührenden Glückwunschauftritte. Und dann muß man den furchtbar artigen, furchtbar glücklichen jungen Mann spielen ... Und dann kommen Wochen voll Festkriegsberatungen und Haufen von Weißwäsche ... und dann ist man überall vollkommen überflüssig und dennoch nicht Herr seiner angeborenen Freiheit, wird zwischen Tanten, Torten, Torturen herumgestoßen und muß vollkommen fremden Onkeln Liköre einschenken, Zigarren anbieten, Zötchen erzählen. Und es kommt der Tag des Gerichtes: und es kommt die bewußte Reise ins Endlich-allein mit den bewußten glückstrahlenden Ansichtskarten vom Markusplatz ... Und dann kommen Kinder; und kommen Kinderkrankheiten; und diese Kinder kriegen auch wieder Kinder, was alles bei uns Menschen eine furchtbar verwickelte und kostspielige Angelegenheit ... Und jetzt kam der alte Johann mit seinem vorsichtig aus der Ferne anfragenden Anpfiff, sah, staunte, verschwor sich, versicherte – wie gewöhnlich – den Bock sogleich erkannt und überhaupt bis in die kleinste Perle hinein gekannt zu haben, verquantete einige seiner schon tausendoft vernommenen, zum tausendeintenmale noch wundersam stimmungsvoll anzuhörenden Geschichten von den Urböcken seiner dienstlichen Vorvergangenheit, und dann gingen wir an unsere Arbeit.

„Lump“, sich immer besser entfaltend, durfte vom letzten bald gefundenen Wundbett des Vorabends aus revieren, und er hatte den unter einem überhangenden Schlehbusch längst versteiften Bock in einem einzigen fasellosen Anzug. Aber auch der kleine, noch nicht eingearbeitete „Krampus“ sollte seine Freude haben. „Lump“ wurde abberufen und der Rauhteckel machte seine Sache zwar etwas langsamer, aber durchaus vorschriftsmäßig, sauber und sicher, und sogar von seinen angeborenen Verbellerkünsten gab er sogleich eine in erstaunlich körnigem, hohlem Baß erschallende Probe. Der Bock, Träger eines geringen, aber ganz gut geperlten und mit überraschend schönen breiten Rosen ausgestatteten Gehörnes, hatte die Kugel hoch hinter den Blattschaufeln durch die Rippen; seltsam genug, sogar glatt durchbohrt hatte das schlanke Teilmantelgeschoß eine der dünnen, federnden Rippen, ohne sie zu zersplittern, Zeichen allzu geringer, von der Lieferfirma wahrscheinlich überbezifferter Fluggeschwindigkeit. Auch die Innenwirkung ließ stark zu wünschen übrig. Ich gab die nette, aber unzulängliche Waffe sogleich weg, leider dazu auch die alte, treue Büchsflinte – Charakterlosigkeit sondergleichen –, um mir dafür einen achtmillimetrigen Drilling zu kaufen, der dann auch nicht voll genügte, und so weiter, und so weiter durch alle die Register der Kaliber, Kombinationen, Ladungen, Erfahrungen, die mich schließlich, ein mageres Ergebnis, zum praktischen „Ballistiker" gemacht …

Und jetzt, nach der zweiten, bei Zigarette und Priem verplauderten Totenwacht mußte ein Entschluß gefaßt werden. Ach was! … Die Welt ist voller Männer. Sie würde, wenn man's einmal ernstlich brauchte, auch voller Mädchen sein. Die Erde ist groß, und die Zeit ist noch lang … Und die Wälder; und die freischweifende Einsamkeit; und all die Stimmen und Stimmungen, Geheimnisse und Gesichte, die das beste sind am ganzen Leben … Einen schönen Gruß, und ich käme nicht, ließ ich durch den alten Johann schlichthin bestellen. Man möge getrost ohne mich zur kritischen Landpartie und meinetwegen sonstwohin abfahren. Ich für mein Teil bliebe heroben in den Bergen: – und einige unausgesprochene Drastika von erschreckender Durchschlagskraft dachte ich mir hinzu …

Wir fanden einen Köhler, der den schwereren Bock willig aufbuckelte; für den geringeren konnte der Alte gleich im nächsten Dorf drunten einen zweiten Träger auftreiben. Mit ehrlich ungemischten Gefühlen sah ich die beiden Gestreckten durch den sonnendunstenden Kastanienhang hinab zu Tal ziehen. Die Morgenglocken läuteten; aus Tiefen der Feldflur herauf pochte eintönig der Dengelhammer; die Welt war neu; in der Nähe einer eiskalten Quelle wußte ich eine Blöße voll warmen, krausen Heidekrautes, da legte ich mich neben das treue, alte Gewehr und versank aus träger Himmelsschau in würzigen Schlaf. –

Und weil es dieses Bockes, dieses letzten guten Schusses aus der lieben, ehrlichen Jugendwaffe und dieses Erlebens nun ein Vierteljahrhundert, weihe ich ihrem Gedächtnis einen wehmütigen Bruch …

Vorpaß.

Von den Guten und Besten an den Wänden, welchen greif' ich heraus? Ich hab' ihn; diesen noch nie Besungenen, mit den starken und strotzend geperlten, aber enggewürgten und sprossenschwachen Stangen, die am Erlegten voreinst doch immerhin um mehr als eine grobe Handbreite über die Luser hinausgeragt. Ich kannte seinen Stand und Gang, seine Wechsel und Fegehorste, aber damit allein ist ein älterer Bock noch lange nicht geschossen.

Den heißen Sonnenwendtag über saß er feistfaul in einer borstigen Fichtendickung, einige sechshundertfünfzig Meter über dem Meere, auf einem der höchsten Rücken des etwa spessart- oder noch besser taunushaftigen Reviers; gegen Abend aber bummelte er mehr oder weniger unverläßlich durch hallend hohes Holz nach einem steil abschießenden, altverstrauchten Schlag, in dessen grasigen Lücken man ihn nur von der Gegenlehne her über etliche dreihundert Schritt hätte abfassen können; – um ihn entweder zu fehlen und zu vergrämen oder mit einem faulen Treffer zu verludern. Blieb also der Wechsel durch den breiten weitsichtigen Buchenwald und der Vorpaß an den Gefegen und Beschlächtern da und dort; und die Geduld.

Wenn es zutrifft, daß man als Jäger unverdrossen mehr Wild ersitzt als erläuft, dann zu allererst für Laub- oder Mischholzreviere der Berge, wo das Wild die Wechsel genauer hält als in der Ebene mit ihrer lieblos klaren Abkantung von Wald und Feld.

Eines freilich gehört dazu, und denen, die es etwa noch nicht wüßten, sei es gesagt: das Holz, in dem Wild, das sehr wählerische und übelnehmerische Rehwild zumal, gerne ziehen, bevorzugte Wechsel halten, schlagen und gelegentlich auch sitzen soll, muß reichlich Bodenstreu haben, je mehr, desto besser. Geharkte Wälder meidet das Getier, so lange und so gut es nur kann, ja, es gibt um solchen Mangels willen beliebte Äsungsplätze auf. Vielhundertmal habe ich es in aller Herren und Himmel Revieren beobachtet, wie der Bock immer nur dort nicht allein zu finden und zu spüren, sondern auch zu haben war, wo ein Streupolster mit darunterlagernder Lauberde ihm Weg wie Sitz sozusagen warm hielt. Ausgefegter Forst ist kalt und hart, ist unbehaglich und unnatürlich, dem Wilde dasselbe ungefähr, was uns Asphaltierung unserer Wohnzimmer wäre; auch die Vögel unter den Wolken und die Lilien auf dem Felde[96] haben ihre „Sachlichkeit", für die menschmißwirtschaftliche Nutzverödung ihrer Heimat bietet selbst der scheinbar üppiger gedeckte und bequemere Tisch der naturverbundenen Kreatur keinen Ausgleich. Wo das Reh genötigt ist, einen nackt ausgerechten Bestand zu durchziehen, hält es sich nicht leicht lange auf, es sei denn im Herbste und Winter um der Bodenmast willen.

Hier nun, in der sogenannten „Gratschenitza", lag unter dicker Dürrlaubschicht der Humus von hundertzwanzig oder hundertfünfzig Jahren, aus napoleonischen und mariatheresianischen Zeiten her, und vierzigmetrig, mit grauseidig gewässerten, domhochschäftigen Stammsäulen von vollem Klafterdurchmesser ragten die feierlichen Urbuchen in den glühwabernden Sommer hinauf. Ein einziger dieser königlichen Bäume, zu dessen Fällung eine besonders langblätterige Säge angeschafft werden mußte, lieferte gesagt und geschrieben hundertundachtundzwanzig Meter. Der Forstmann kann sich darnach eine Vorstellung machen.

Die besten Stunden des Hochwaldvorpasses sind die zwischen fünf und sieben, morgens wie abends. Die Wahrscheinlichkeit für die beiden Tageszeiten ist etwa dieselbe, doch wird man an sehr kühlen, taufrischklaren Morgen etwas länger, bis neun Uhr, ausharren, nach einem Nachmittagsgewitter sogleich seinen Platz beziehen und je nach Lage und Umständen bald auf einen Erfolg rechnen dürfen.

96 aus der Bergpredigt

Obwohl ich sehr viele Hochwaldböcke, und darunter gerade einige sehr starke und sonst heimliche, in den genannten Nachmittagsstunden geschossen, möchte ich doch schon um der zarten Stimmungen willen der Frühe den Vorzug geben.

Der Zug des Wechsels wird gegeben durch die Punkte der Gefege an unterständigen Stämmlingen und die dazugehörigen Beschlächter, die man aber von den gewöhnlichen rund ausgeplätzten, mehr gescharrten als geschlagenen Betten unterscheiden muß.

Nester solcher Betten können ebensogut den Stand einer Gais anzeigen, was dann immer anzunehmen, wenn sonst in der Umgebung keine frischen Gefege nebst zorngefetzten Temperamentsausbrüchen anzutreffen. Auch kann in einzelnen Fällen die Fährte und in ganz seltenen die noch wahrnehmbare Nässung mitsprechen. Für gewöhnlich duldet der starke alte Sommerbock kein anderes Stück, vor der Brunft auch keine Ricke, geschweige denn eine solche mit Kitzen, in seinem engeren Belauf; doch kommen Ausnahmen von dieser Regel nicht selten vor, ja sogar um Johanni, wenn der Gehörnte am unzugänglichsten, habe ich hochbejahrte knuffige Semester mit sozusagen gesetzten Gaisen nicht nur einträchtig in derselben Äsung stehen, sondern auch wie ehelich zusammengehörig im Bestande ziehen sehen. Weil es sich hier immer, dies allerdings ohne Ausnahme, um kitzlose und dabei besonders starke, also wohl – und sei es nur vorübergehend – gelte Gaisen handelte, wird es vielleicht nicht unstatthaft sein, an etwas wie eine stille heimliche Dauerbrunftigkeit solcher Beirehe zu denken, eine Vermutung, die auf manche Analogien und physiologische Gesetze gestützt werden könnte. Rickenbetten im Wege eines sonst augenscheinlichen, etwa schon „historischen“ Bockwechsels schließen daher die Anwesenheit eines ernst zu nehmenden Kapitalen keineswegs aus. Für die Brunftzeit gelten all solche Erwägungen ohnehin nicht.

Wo das Gelände eines Waldwechsels etwas hügelig, wird man die meisten Zeichen etwas unterhalb des jeweiligen Grates oder des Kammes finden, wie ja der Bock in einen abfallenden Schlag oder in eine Bergwiese mit Vorliebe in Zweidrittel- bis Dreiviertelhöhe austritt. Soll das schon beileibe keine verläßliche Regel bedeuten, so hat es doch seine mehrerlei weislichen Gründe. Die meisten Schläge und Bergwiesen fußen auf einem Weg oder einer Straße, nebenher aber auch im spätesten Licht und im zeitigsten Schatten. In früher Taustille nur, vor Büchsensicht im Weben gespenstischer Dämmerung, ist das Wild, dann oft zahlreich und merkwürdig vertraut gesellt, der Kapitale beim respektvollen Jungsechser- oder Gabelbock, in tieferen Lagen oder gar in den Gründen der Gräben und Täler anzutreffen: – gleichsam als versöhnte und verbündete es sich unterm Schutz der mütterlichen Nacht gegen den Menschen.

Ich habe dieses häufig geschaute Bild immer gerne jedesmal mit einer gewissen reuevollen Rührung betrachtet; zweimal geschah es mir, daß ich zu dieser Stunde drei gute, durchs heranzaubernde Glas als stark schußbar erkannte Böcke auf einer Äsungsfläche von wenigen Aren friedlich beisammen sah. Doch mögen manche der hier flüchtig berührten Verhältnisse örtlich verschieden sein, je nach den gebotenen Bedingungen.

Von den Bergböcken, deren ich gedenken kann, sind jedenfalls die allermeisten auf den Höhen ihrer Standplätze, die wenigsten in den Gründen gefallen.

Nicht jeder starke Bock ist auch schon ein eifriger Feger, ein wütiger Schläger; es gibt Böcke, die raspeln, täglich zwanzig Stämmchen bearbeiten und dann noch mit dem Gehörn in Streu und Erde wühlen, andere, die kaum einmal wenig kratzen, da und dort ein paar verdrießliche Striche schaben. Zu dieser Sorte gehört der Gemeinte, diesmal Auserwählte. Seine Beschlächter waren die eines schwächlich versuchenden Spießbockes, seine sparsamen Gefege nicht nennenswert.

Ich schloß daraus, daß ich eine sehr reich und scharf geperlte oder eine geringe alterskümmernde Krone ausschildern würde; denn als starken Bock verriet ihn die Fährte an der Lecke und im roten Eisenlehm des steilen Abfuhrweges.

Gesichtet hatte ich ihn noch nie. In meinen Heimatbergen konnte man die Böcke nicht numerieren, noch überhaupt in straffer Evidenz halten. Auf rund siebentausend Hektar hatten wir nur drei Revierjäger und neben der Jagd leider noch viele andere, dringendere Sorgen …

Ich schoß den Bock am dritten der ihm gewidmeten Morgen ganz kunstlos und vorschriftsmäßig in der Reihe der bekannten ablaufenden Stimmungen. Erst noch die kobaltgrauen Schatten in den Tiefen des Holzes und die goldgrünen Lichter droben im Geschicht der Kronen; dann das langsame Niederklettern windzitternder Kringel an den gewässerten und gefleckten Hochschäften bis in die Wurzelgestühle mit dem smaragden aufglühenden Moos, bis in die bläulich und blaßviolen aufleuchtende Waldstreu. Dann das Wandern der einfallenden Strahlenströme durch den stillen Weihrauch des Domes; dann der Gierpfiff der jungen Habichte in der Fichtendickung droben; die Hähne in den Hügelweilern, der Schwarzspecht im Gegenhang, Kochen der Immen, der dumpfe, immer irgendwie waldtiefstgründige Hohltauber, der sonnenbalzende Ringeltauber, die tausend traumseligen Turteltauben unserer Wälder …

Im brauenden Ferndunst weit überm Strome der erste rollende Morgenzug; von den Dorfhutungen herauf das Glocken des Weideviehs, das näselnde Johlen und Geißelplatzen der Hirtenbuben; und jetzt in dieser Symphonie die vorletzte der einfallenden Stimmen, die letzte vor der breiten Fortissimofermate[97] des Schusses: – ein leises, zögerndes Brechen, Knistern, Knacken.

Näher, immer näher: und dort kam er auch schon bedächtig hergezogen, schwer zu ermerken, braunrot auf braun-

97 lang ausgehaltener, lauter Ton

blauem, violettem, goldrot durchflimmertem Grund, klein unterm hallenden Hochgewölb der Buchen.

Die Stirne schwarz, Lippen und Lider silberweiß, mehr als handbreit über den Lusern fackeln die Stangenspitzen, bis in Lauscherhöhe hinan schien alles starrendvoll … Wie ist doch, wie sieht und rechnet doch der Jägermensch! …

Ich hatte ihn überm Auslauf eines Seitengrabens, wie ich's gerade liebe; jetzt achtzig, siebzig, jetzt sechzig Schritte – da hielt er an, rechtsüber nach einer Fliege zu schlagen, eben schön drittelspitz: das Korn stand, die gute Büchsflinte ruckte im Knall, bergan in einer lahmen Flucht warf es den Bock, und dann stürzte er und schlug, rollte im glatten Laub und blieb verschlägelnd, auszitternd in der Mulde unter den riesigen Buchen, mitten in einem glastig wabernden Sonnenfleck liegen.

Das war alles!

Ein braver, älterer Bock, ein starkes, wenn auch nicht edles, so doch reichgeperltes Gehörn, ein sauberer Schuß vom Hals schräg durch Lunge und Gegenblattschaufel; an allem zusammen nichts Besonderes, nichts Aufregendes …

Eines doch vielleicht; daß man in solche vorgeblich tief empfundene Stimmung hinein schießt und tötet; und daß man dann noch seine Naturverbundenheit und weiß Gott was blühend schildert, um sich zum Schlusse tückischer Versündung an der holden, schuldlosen Kreatur zu brüsten.

Hätte aber der Weidmann mit seiner nimmerfehlenden, gerechten Kugel statt des Rehbocks im hohen Holz die schlagende Nachtigall im Wildrosenstrauch aus dem Leben gelöscht, und heuchelte um solche Moritat herum einen wohlgebauten Aufsatz, welcher Sturm!

Der Unterschied?

Wie seltsam ist doch der Mensch; und wie verlogen!

Visionen.

Heut ist's dessen nun auch schon dreiundvierzig Jahre; und doch seh ich's vor mir, als wäre es mir gestern erst begegnet.

„Es?" ... Wer weiß, am Ende wirklich nur „Es".

Jenes selbe Es, das nächtlich in unserem Hause und Herzen umgeht, durch verschlossene Türen eintritt, in versperrten Kammern rumort, auf einsamem Waldpfade neben uns herschleicht, im schauernden Mondnebel auf Kreuzwegen sitzt ... Was wissen wir armen Genarrten?

Auf der sogenannten „kleinen Pfarrerwiese" mitten im Dren, so lauschig und einladend sie zwischen Hainbuchen, sicherste Wechsel und stillste Einstände gebettet, sah man nur selten ein Reh.

Schuld an diesem Zufall oder dieser Abneigung hatten vielleicht die Herren von Gräving, genannt Grimbart, die unweit im Schoße eines efeuumsponnenen Felskopfes vor Jahrzehnten oder gar Jahrhunderten schon ihre Hauptburg eingerichtet und vieltorig ausgebaut, und fast zu jeder Jahreszeit, Frühling auf Stich und Strich, Sommers auf Freite, Herbstabends beim Aufbruch nach Milchmais und Traubenzucker in der näheren Umgebung ihres Stammsitzes anzutreffen.

Schmalzmann und Sechszack aber, sooft auch auf poesievollen Bildern vereint, haben füreinander, dieser wenigstens für jenen, nicht allzuviel übrig. Gräving, genannt Grimbart, aus dem Hause derer von Grantig auf Zornburg, haßt als echter Höhlenpessimist im Grunde die ganze Welt mit ihrem Gewimmel und Klimbim und ihren ewigen Neuerungen, und dem Reh ist das gräßliche Gekraspel des Dachses unheimlich und zuwider.

Es können natürlich auch andere Besonderheiten gewesen sein, die unsere holde kleine Pfarrwiese, die dryadische[98],

98 liebliche

nymphenumschwebte, geisterflüsternde, dauernd rehrein erhielten. Vielleicht das Fehlen gewisser Gräser, vielleicht ein gemiedenes Kraut mit seinem Ruch, vielleicht eine unterirdische Ader, ein Wasser-, ein Erz-, ein Kohlenstrang, vielleicht ein altes Grab mit seinem Verruf, eine Stätte mit ihrem Schauer und Bann, ein unsichtbarer unauslöschlicher Blutfleck … Was wissen wir?

Links, gleich in den wirrwüchsigen Einsturzgräben des Kozlak und anstoßend in den hohen Buchen des Brlog standen und zeigten sich immer mindestens zwei gute Böcke, quer über die vierzehn Quellschluchten des Macidol unterm Rücken des Dren und dem Idyll der Wiese führte ein todsicherer verkehrsreicher Wechsel nach einer uralten Lecke unter überhängendem Maßholder, drüben die Fratten des Pokuic und die dachsteil zur Koricka Rebra hinanstreichende „große Pfarrwiese" wimmelten gewöhnlich von roten Flecken, rechts drunten im Dämmer der Zapisanka gab es gewöhnlich irgendeinen Heimlichen, Sagenhaften, zumindest angenehmen Gerüchten gerne Geglaubten –: nur dieser liebliche, von Gott, Natur, Wirtschaft und Servitutenablösung[99] wie eigens für das Wild und dessen Maler geschaffene Anger blieb leer, kein Fegestämmchen, kein Plätzbett, keine Schlagnarbe an seinen Säumen verriet häufigeren oder selbst nur gelegentlichen Besuch, keine geheimnisträchtige Kunde, geschweige denn je ein präziser Rapport meldete von einem zuständigen, auf Ellenlänge übertriebenen Kapitalen oder auch bloß bürgerlich bescheidenen Bock … Es war schon so: die anmutige und immer wieder anziehende „kleine Pfarrwiese" mit ihrem reizvollen Miniatur sozusagen horazischer[100] Landschaft – den bandusischen Quell[101], den sabinischen Wolf[102] und manche unsterbliche Stimmung des

99 Servitute = Verpflichtungen oder Unterlassungen von Eigentümern zum Vorteil anderer; im Zusammenhang mit der Grundentlastung ab 1848 wurden manche abgelöst

100 in der Art von Horaz (Dichter)

101 lebendiger Quell in Horaz' Dichtung

102 mythische Figur aus den Sabiner Bergen, einem Teil des Apennins

Poeten hätte man hierher versetzen mögen – blieb gleichzeitig Herz, Mittelpunkt und unfruchtbare Stiefstelle des südlichen Reviers, sein, für Astronomen gesagt, „Kohlensack“ ohne Sterne, ein Loch, ein blinder und toter Fleck.

„Einen auf die kleine Pfarrwiese ansetzen“ war sprichwörtlich geworden für: jemand einen schönen Abend genießen, aber nicht zu Schusse kommen, jemand auf gutgewählter Aussichtsbank in platonischer Theorie schwelgen, nicht aber rauhe und süße Praxis kosten zu lassen. Und ich selbst, schon um des angenehm geschlossenen, bei aller Enge doch weiten und bedeutenden Bildes willen, Stunden versonnen, verraucht, verträumt – da, wenn Einer käme … dort, wenn er austräte … über diesen Rücken, wenn er spreuknisternd unter den Buchen heranzöge – – war jedesmal der Narr: oder vielmehr nicht der Narr, sondern der überreich mit blanker Büchse und reinem Herzen Belohnte gewesen.

Aber die kleine Pfarrwiese lag, wie erwähnt, zumittest im Revier, auf dem Rücken des Dren, der die irrsälige Dolinenlandschaft des Selivec mit dem hohen Massiv der Rebra verbindet und die Gräben zur Save von den Schluchten zu ihrem Nebenbache Bregana trennt; und wenn ich, wie so oft, beim Bauern Heinbrinck vulgo Mutzel auf seiner Waldeinschicht in Stroh oder Heu kantoniert, um anderen Morgens bequemerer Nähe die Rebra und die hundert Gelegenheitlein des Pokuic anpacken zu können, mußte ich, mal unverbesserlich hoffnungsvoll auf behutsamen Sohlen, mal in stillos unachtsamer Eile an der stets verlassenen Trift vorüber. So auch im Grauen der branddürrschwülen Frühe jenes, wenn ich nicht irre, ersten August; des einen lächerlichen Nebenumstandes jedenfalls entsinne ich mich ganz genau, wie ich eben, einen Brief von Löns[103] in der Tasche, darüber nachgedacht, daß Freund Heinbrinck, der einschichtige Uskokenbauer mit dem unverkennbar niedersächsischen Namen unfehlbar der Nachkomme eines zurückgebliebenen westfälischen Solda-

103 Hermann Löns, Schriftsteller und Heimatdichter

ten der napoleonischen Besetzungszeit sein müsse: – – als mein Blick gewohnheitsmäßig über die Wiese hinstreifte und eine überraschende Wahrnehmung den ganzen Menschen anhielt. Dort am unteren Rande, fahl gegen das Dunkel des Waldes oder vielmehr das Dämmerdunkel im Walde, saß ein starkes Reh. Und dieses Reh war auf erste Sicht ein umschmeißend markerschütternder Bock, und auf zweite eine zwar minder aufregende, nichtsdestoweniger aber ganz kapitale, also wahrscheinlich steinalte und wirklich grundgelte Ricke von mächtiger Bockfigur; ins Menschliche übersetzt: mit Husarenschnurrbart, Kommandobaß und sonst noch allerhand Meriten. Natürlich: denn solche Böcke gibt es ja im Ernste nicht.

Wie doch der blöde Zufall einen äffen könnte: ausgerechnet so hatte die alte Schachtel sich vor eine abgebrochene fahle Astgabel hingesetzt, daß diese, mit der Gabelung genau zwischen den Lusern, bei minderer Länge der Äste recht wohl ein Gehörn markieren und vortäuschen konnte. Das hatte Freund Samiel wieder einmal witzig und kunstvoll angelegt; nur daß er sich, bei sonst meisterlicher Regie, in den Maßen, sei es des Blendwerkes, sei es meiner Erfahrung und meines Temperamentes vergriffen. Nein, mein Lieber, auf den Schwindel fallen wir dir nicht rein. Man soll nichts übertreiben. Als Schlager ganz passabel für eine Provinzbühne und ein Publikum von fiebernden Anfängern: vor einem Parkett von kalten Kennern einfach unmöglich. Da geh du erst mal bei mir in die Schule und lerne schätzen. Uskoken in Ehren, sie sind meine Heimat, aber Sibirier, obendrein von solch ausgefallener Form, wachsen hier denn doch nicht.

Es war noch schummergrau, und die Ricke saß gegen den aufhellenden Osten unterm Waldschatten. Zu gutem Kugelschusse hätte es über die sechzig bis siebzig Schritte meinem damaligen Auge gelangt; zu genauerer Auflösung des Blendwerkes der Hölle langte es dem einfachen kleinen Feldstecher, Trieder waren jenerzeit noch Traum, nicht recht. War ja auch schließlich ziemlich egal, wie der Zacken des Näheren aussah. Aber vormerken und einprägen wollte ich mir die Tante für die Haselwochen im Frühherbst –: der Gaisenabschuß begann damals vernünftigerweise, bei bedachtsamer Handhabung eben das Richtige, mit dem sechzehnten Neunten. Gerade hier herum, in den beerenreichen Schattengründen der Zapisanka vorzüglich, gab es immer einige Schwarzkehlige zu holen; vielleicht kam man da noch einmal zusammen, und für jetzt also guten Morgen.

Und da wurde die Alte mit einem Ruck hoch; und – und nahm das ganze ungeheuerliche Gestühl zwischen den Lauschern mit sich auf; und – und war der weitaus urigste Bock, den ich jemals lebendig oder tot leibhaftig gesehen; und war, bevor ich mich noch aus der Erstarrung gelöst, mit einer dumpfdröhnenden Flucht im dämmernden Holze hinunter verschwunden.

Auf Nimmerwiedersehen. Nicht nur redensartlich, sondern sinnwahrhaftig; auf Nimmerwiedersehen.

So fleißig – was fleißig! ... besessen! – – ich diesen ganzen absinkenden Sommer und noch tief in den Herbst hinein dort herum geschlichen, gestanden, gehockt, gehorcht, gespürt, gegeistert, so viel ich über diesem Einmaligen sonst versäumt und vertan: ich bekam ihn nie wieder zu Gesicht, geschweige vor die Büchse, ja nicht einmal ein kleinstes andeutendes Zeichen seiner gelegentlichen Anwesenheit ließ sich jemals entdecken. Er war und blieb der große „Nebelbock“ meines Lebens.

Auch von der Jägerei wurde ein Ähnlicher nie gemeldet, auch in den folgenden Jahren nicht. Auch keiner meiner Brüder hat sich dieses Gewaltstück an die Wand gehängt. Etwa eine Woche nach jener Begegnung erlegte Revierjäger Skutnik drunten im Macidol einen sehr starken Bock, von dem mein Bruder meinte, es sei am Ende doch wohl derjenige, welcher. Er war es nicht annähernd. Der Geschossene trug ein etwa sechsundzwanzig Zentimeter hohes, mageres, engständiges, langsprossiges und – seine besondere Note

– „marschierendes“, d. i. aus der Ebene zweiwinkelig verschobenes Gehörn. Die unvergleichliche Krone des Nebel-, Geister- und Visionsbockes aber kann ich, soviel davon gesehen und aufgenommen, noch heute beschreiben:

Die Stangen, hellgelbbraun von Farbe, wie mir schien, ragten um Spannenlänge über die Gehöre hinaus; sie waren also mindestens dreißig Zentimeter sehnenlang, ja vielleicht noch eine Kleingkeit länger. Dabei klafterten sie vom Haupte aus in einem Winkel von – – scheinbar – – sechzig Graden steilgrad und schwunglos auseinander; die Auslage muß mithin auch mindestens fünfundzwanzig Zentimeter, wahrscheinlich aber mehr betragen haben. Von Perlung könnte ich nichts sagen, oder nur dies, daß sie, meinem Gefühle nach, eher spärlich gewesen; was mir dagegen deutlich haftet, das war erstens die Sperrigkeit des riesigen Gebildes und zweitens die kümmerliche Vereckung der Vordersprosse, bloßer Zackenstümpfe, gegenüber mächtiger Entwicklung der ein- und abwärtshakenden Hinterenden. Schöngestalt und strotzend ausgestaltet also war diese Krone nicht – und dieses beides sind gerade, siehe Ausstellung, Witting-Bock, Frey-Bock, die stärksten, wuchtigsten Gehörne nur ganz selten – denn Wucht wächst mit dem Alter, und mit dem Alter schwinden Schönheit und Schmuck – –; nichtsdestoweniger aber durchaus darnach angetan, mit ihrer Länge und imposanten, für den Gesamteindruck entscheidenden Auslage allein schon sehr beachtliche Beutesammlungen zu überschatten und zu beherrschen. Ein schärferes Glas, eine schnelle, gläubige Reaktion auf die erste Sicht, abgeschultertes und gespanntes Gewehr im letzten Augenblick: und ich würde ein überragendes Stück in Tusche und Punkten vorführen können. Aber – es ist vielleicht gut auch so.

Einige ganz alte und starke Böcke sind dann in den weiter benachbarten Revierteilen von meiner Kugel gefallen. Die teils fehlenden, teils kümmerlichen Vordersprossen kehrten bei zwei besonders Engständigen, also gewiß der Identität Unverdächtigen wieder; andrerseits erinnerten zwei besonders gute, bei schmuckloser Wucht breit ausladender Kronen wohl in der Form, nicht aber mit der ausnehmend kräftigen Sprossung – eine davon, die eines Zehners, zeichnet sich durch geradezu ungeheuerlich lange und schaufel- oder klingenbreite Gipfel- und Nackensprosse aus – an den wie aus dem Dunkel Heraufgetauchten und spurlos wieder Versunkenen. Manche, heut im Zeichen modisch übertreibender Aufraffungszucht gern gleich für unverbesserlich gehaltene Fehler werden ja – soweit sie nicht überhaupt einfach nur Altersmerkmale – vom Erbgut der Ricke überdeckt und korrigiert. So mögen jene braven Ausleger immerhin Nachkommen des Verschollenen gewesen sein.

Doch was wissen wir? Und wüßten wir wirklich jederzeit alles, Zauber und Schmelz, durch übermäßiges Forschen, Fragen, Sinnen, Trachten ohnehin schon schwer gefährdet, Stimmung und Ahnung und süße Ungewißheit, und damit das Köstlichste und Eigentlichste am ganzen Weidewerk wären dahin.

Merkwürdig noch dies: Von jener Begegnung an zeigte sich die „kleine Pfarrwiese" öfter und zuzeiten sogar überraschend regelmäßig mit Rehen belebt. Das konnte eine höchst einfache Ursache haben: ich näherte mich dem wegen des dolomitgrusknirschenden Weges schwer zu bebirschenden Platze fortan mit ganz besonderer Andacht und Vorsicht. Aber es gibt auch sonst Beispiele wechselnder Neigungen des Wildes. Ein Gras, ein Kräutlein kann sich irgendwo ansiedeln und Getier herbeiziehen. Eine Ricke kann aus irgendwelchen Gründen in der Nähe einer sonst gemiedenen Örtlichkeit ihr Wochenbett aufschlagen müssen, sich dort einbürgern und den früher leeren Winkel mit standtreuem Nachwuchs bevölkern; welchen Fall ich schon zu dutzend Malen beobachtet. Neuerdings ist behauptet worden, die Wechsel des Wildes folgten regelmäßig den unterirdischen Wasseradern; Wasseradern aber können, und zumal im Karst, hier versiegen, dort sich bilden und sozusagen organisieren. Was wissen wir?

*

Der Gang jenes taudampfenden Morgens galt dem schlesischen Bock, und zwar einem ganz bestimmten Bocke, mit lächerlich niedrigem, lächerlich weit ausgebogtem, aber unheimlich knuffdickem Gehörn; und unbegrenzt freie Büchse hatte ich je nach Gelüst, Gelegenheit und Bedünken auf jeden im Wald und Feldflur vorkommenden Hirsch.

Gras troff; Frühdunst wob; fern irgendwo in der brauenden Landschaft wetzten die Steine der Sachsengänger.

In der seichten Senke zwischen der Waldwand des Haslicht und der Weite des Frauenfeldes weidwerkte ich leise und genießend dahin. Es mußte nicht durchaus geschossen sein. So bei dreiunddreißig Böcken hatte ich schon so auf dieses Sommers Strecke; ich war der, zumeist durchforstenden Mordarbeit nachgerade müd.

Zieles und Zweckes genug, sich so gemächlich in Tau und perlender Stille zu ergehen, Rehe, sitzende, äsende, trollende, treibende, wohin man sah. Dort der gute Jungsechser mit der prahlenden Funkelkrone; dort der wohlbekannte Engständige, dreißigmal schon spielerisch bezielt und fünfzigmal begnadigt; dort der vermutlich vielversprechende hohe Gabler, dort auf dem Schlage nah der Grenze der kaltgestellte Gastbock, dort der jugendsaftstrotzend Knallrote, der es mit seinen knabenschmächtigen, weitschwüngigen Stangen zu allerhand Graden bringen konnte. Aberdutzende von Karnickeln an den Waldrändern. Ungezählte Bockelmänner, groß und klein, der kreuz und quer. Und die ganze schlesische Stimmung der schwermütigen Weite und brauenden Breite, der versponnenen Mystik und der brauenden Grundtöne. Man müßte dieses Land, war es gleich Fremde, lieben; selbst – – ohne Büchse.

In der feuchten Senke lag und schwamm der Dunst zu Nebel verdichtet; ein langer weißer See zwischen dämmernden Traumufern. Dort hinunter gab es eine kleine schwarze Remise, im Herbste geradezu zum Bersten geladen mit feuerbunten Hahnen; einige fünfhundert Schritte dahinter buchteten einige Leutäcker, wie man dort sagt, zu den Haslichthäusern gehörig, gegen einen Pflanzkamp hin ins Holz, und dort herum stand oder bummelte gewöhnlich mein vierunddreißigster Bock. Doch wir hatten Zeit über Zeit; noch war die Sonne kaum erst heroben; erst wenn sie sich mal richtig über die dicke Milchsuppe hergemacht, kamen die besten und behagsamsten Stunden, und diese sind unter viel Wild nimmer lang oder gar verloren. Das Schönste und Unersetzlichste am Ganzen ist ja doch das genießerische Alleinsein mit der Landschaft und ihrem Leben, mit seinen Hoffnungen und Vorgefühlen: das Erlebnis der Stimmung.

Da, wie ich sehr langsam am moorigen Bachufer hinab gegen jene kleine schwarze Remise zog, wurde auf eines starken Büchsenschusses Entfernung etwas, ein unbekanntes Etwas, dunkel und irgendwie rege im Dunst. Die Erkennungssicht reichte etwa hundert Schritte weit, jenes Schemen mochte also an hundertfünfzig Gänge fern stehen oder ziehen oder auch – gar nicht vorhanden sein. Denn man täuscht sich im Nebel über Entfernungen, über Größen, über Wirklichkeiten: wie im Nebel des Lebens über Freunde und Feinde, Werte und Welten ... Aber jene Ballung dort war doch real ... oder doch nicht? ... ein Weidenstrunk? ... ein Haufen? ... Nein, ja doch: sie wuchs heran, verdichtete, gestaltete, entwickelte sich: – – was wird aus dem Nebel des bei aller zeitlichen Nähe dennoch undurchdringlichen nächstzukünftigen Augenblicks als Schicksal, als Versucher, als Vollstrecker, als Opfer, als Wunder dem allüberall immerdar an Leib und Seele gefährdeten Jäger entgegentreten?

Es war ein Wunder.

Ein Hirsch.

Nicht der lichte Zehner des Heiligen noch Unheiligen im Ardennenwalde[104]. Sondern einer von geraden vierzehn Enden.

104 Legende vom hl. Hubertus

Und ihm auf dem Geäfter ein zweiter, von geraden zwölfen.

Einer besser als der andere.

Zwei Feisthirsche, die sich verspätet; oder irgendwo rege gemacht worden.

Wanderhirsche.

Und nun hielten die beiden wiegenden, schwer sattgemächlichen Trolles stichgerade zu auf mich, der ich, den zitternden hellscheckigen Hund am Knie, geborgen nur durch eine eilends, triebhaft und gewohnheitsmäßig zur Deckung genommene Erlengerte mit fünf oder sieben Blättern, sozusagen unbekleidet im Wiesengrunde stand … hundert … neunzig … achtzig Schritte …

Da begab sich das Wunder.

Einer der beiden Hirsche – warum zum Samiel hatte ich nicht die Mauserin mitgenommen! – – einer der beiden Gekrönten zumindest war so gut wie tot. Sein Geweih lag schon in der steinernen Halle auf dem großen Rundtisch. Der Schädel war ihm schon beschrieben. Das Schild war ihm schon geschnitten.

Da begab sich das Wunder.

Die Sonne war höher gekommen. Licht war in den Nebel getreten. Die Hirsche hatten mit einem Mal Farbe angenommen. Rotgoldig, blaß kupfergoldig, bronzegolden auch die flammentragenden Geweihe, entwachsen sie dem goldflimmerdurchglommenen Dampf. Und um jeden, das war es: um jeden von ihnen, wie sie so, einer hinterm anderen gestaffelt, herantrollten, um jeden von ihnen schwebte, spielte, atmete, lief ein opalener Kranz und Kreis, ein irisschillernder Nimbus, ein zarter Glorienschein von siebenfarbener Verklärung.

Jetzt stutzten, jetzt sicherten, jetzt wendeten, jetzt standen sie. Standen breit, einer hinterm anderen, einer besser als der andere; auf siebzig, auf vielleicht nur sechzig Schritte. Und um jeden von ihnen wölbte sich, Mirakel und Mysterium, schirmend und befriedend der bannende Bogen von Hauch, Od, Fluid, unsichtbarem Lebenslicht, vom Sonnennebel in sein Spektrum aufgelöst ... Hirsche in wallendem Weihrauch; Hirsche, durch einen Flor von Tränen gesehen ...

Und mit tränendem Auge und in der Kirche schießt man nicht.

Jetzt setzten sie mit Senkung der Hinterhand zur Flucht an; jetzt schoben sie los, auf den Haslicht zu, und der Zauber war gebrochen, und das plötzlich wieder humortrockene Auge sah lachend die würdelosen Senkspitzbäuche schwanken und schwulken ... Ein Hirsch weniger auf dem Streckenholz, ein Geweih weniger auf der Schädelpyramide, und dafür die Gnade des schauenden Schauers und schauernden Schauens, des Erlebnisses, erlebten Abglanzes vom Wunder des Heiligen im Ardennenwalde; wen möchte solcher Tausch enttäuschen?

Nur Krähen.

Man kann über Jagd und Weidwerk natürlich sehr verschieden denken. Wenn zwei dasselbe erleben, ist es nicht dasselbe. Den einen schwellt die Anzahl, den anderen der Name des Wildes, einen dritten der Stolz ob schwierigem Ferntreffer, die meisten wohl das eitle Vergnügen am Beutestück, der Trophäe, oder wenigstens an Maßen und Gewicht des erlegten Exemplares. Der eigentliche Goldgehalt, der feine Reiz des Erlebnisses selbst, steht im allgemeinen nicht so hoch im Kurs.

Der einem blinden Glückszufall zu dankende Hochkapitale von zwanzig Enden, zweiundzwanzig Geweihpfunden und entsprechend vielen „Karpathenpunkten“ gilt mehr als der unter ehrlichen aber köstlichen Mühsalen erbirschte oder ersessene bescheidene Almhirsch. Der ohne jede Gefahr und Anstrengung totgeschossene Farm- und Touristenlöwe zählt anders im Schußbuch als der auf strengwinterlichem Mondvorpaß gestreckte Fuchsrüd im hochreifen frostrauchigen Dreikönigsbalg. Mit einem aus hundertköpfiger Herde herausgeknallten Großantilopenbullen kann man anders prahlen als mit einem armseligen Brackierhasen aus waldwildem Berggeländ. Aber das Karat des Jagens bleibt bei allen diesen Gegenüberstellungen unbewertet. Freilich: das muß jeder mit sich selbst ausmachen.

Es gibt zum Beispiel in Gegenden seines häufigen Vorkommens kein kunst- und ruhmloseres Weidwerk als das auf den Baribal, den nordamerikanischen Schwarzbären. Nichts braucht man dazu als ein so richtig „baribalisches“ herbstliches Augeländ mit allerlei Baumfrucht, zwei oder drei beherzte eingejagte Hunde, eine leidliche Büchse und ein Paar frischer Beine oder, besser noch, ein vertrautes ruhiges Pony. Vor den aufstöbernden Hunden krallt der leicht einzuschüchternde Schwarzbär alsbald am nächsten, wenn noch so lächerlich schwankdünnen Stamm hinan, und dann hat man nur ohne Verzug der hallenden Ball zu folgen, auf daß der Fahlkehlige nicht wieder ein seines Namens würdiges Herz fasse und gesammelten Mutes zu den Hunden niederbaume, was nach Überwindung des ersten Schreckens gewöhnlich geschieht – zumal seitens führender Bärinnen – und dann freilich zu erheblichem Blutvergießen führt. Ist man rasch genug bei der Hand, so sieht man den mächtigen Klumpen hoch über den Verbellern unterm Wipfel schwanken wie einen schiffbrüchigen Matrosen auf dem Mast des treibenden Wracks, und der Schuß von unten herauf hinter die Rippen ist leichter als der aus dem Kleinkaliber auf den im Nußbaum hinterm Stadel sich ergötzenden Eichkater. Stürzen dann die hundertzwanzig bis hundertfünfzig Kilogramm – zweihundert werden selten erreicht – zur Erde, so erzittert der schwammige Auwaldboden; den Rest besorgen die Packer.

Mit einer ganz gewöhnlichen siebengescheiten Krähe hat man nicht sieben- sondern siebenundsiebzigmal mehr Arbeit. Aber: Bär ist Bär. Was bedeuten hundert zusammengelistete, zusammengekünstelte, zum Teil mit mathematisch feinem Scharfzirkelschuß von fernen Wipfelwarten heruntergepflückte Galgenvögel? Nicht redenswerte Beute eines ganz kleinen Mannes im niedrigsten Unterwuchs der Grünen. Der bequem auf einige zwanzig oder fünfundzwanzig Meter herabgeholte Baribalpatzen aber macht den vielleicht noch kleineren Mann hinter der betreffenden Patrone zum „Großwildjäger“.

Wie immer, die Maßwerte sind eben verschieden. Ich jedenfalls bilde mir – wenn überhaupt auf irgend etwas – auf die ganz gemeinen Krähen, Corvi cornices[105] und Corvi corone[106] meiner Lebensstrecke mit das meiste ein.

Natürlich ist auch Krähe nicht immer gleich Krähe. Die zahme Stadt- und Parkkrähe kann man mit dem Katapult totschießen. Wo sie keine Verfolgung kennt, wird auch die

105 Saatkrähe
106 Rabenkrähe

Krähe dumm und faul. Aber schon der erste Vertrauensbruch erweckt in ihr das angeborene Unterscheidungsvermögen. Hat es sich unter den Krähen einer Landschaft erst einmal herumgesprochen, daß gewisse, vom menschlichen Zweibein mitgeführte Geräte nicht Spazierstöcke, Spaten oder Heurechenstiele, sondern etwas ganz anderes seien, so verbreitet sich das als Bekanntmachung mit Geschwindigkeit einer Negerpost unter die umliegenden Gemeinden und wird je nach Jahreszeit der gemachten Beobachtung sogleich auch als Elementargegenstand in den Lehrplan für die liebe Jugend, zumindest den der nächstfolgenden Klasse aufgenommen. Eine so geschulte, vielleicht dann noch um einige persönliche zusätzliche Erfahrungen bereicherte Krähe nimmt es schließlich, ohne Übertreibung, mit jedem Trapphahn auf.

In einem meiner Reviere kannte ich einen treu zusammenhaltenden Krähenflug – oder richtiger: kannte mich ein Rabenkrähenklub – der nach zwei erlittenen Verlusten bei meinem, wenn noch so gedeckten Auftreten in Entfernung von drei- bis vierhundert Schritten jedesmal aus einer scheinbar unsichtigen Senke sich erhob und den ganzen Gau alarmierend, das Weite suchte. Dabei waren, soviel zu sehen, nicht einmal die üblichen Beobachtungsposten ausgestellt. Auch Spekulationen auf die einschläfernde Frühnachmittagsglut, wie das zum Beispiel bei Ringeltauben bisweilen verfängt, schlugen fehl. In diesem Verein gab es offenbar ein paar ganz gerissene Meister. So etwas reizt.

Die gemeine Krähe ist denn auch das einzige Wild, bei dessen Anblick es mich heute noch elektrisch nach der Waffe zuckt. Eben dadurch ward sie mir aus dem verachteten „Raubzeug“ zum „Wild“. Und zwar zum Wild, dem ich mehr Liebe geschenkt habe als, mit Ausnahme des Rehbocks, irgendeinem anderen: – hier Liebe eines abgründigen unversöhnlichen Hasses.

Ja, Hasses. Zwar auch die graue und die schwarze Krähe sind Geschöpfe Gottes und verrichten, wenn sich ihnen nichts Besseres bietet, das Ihre im Haushalt der Natur und menschlichen Wirtschaft. Aber sie sind erstens organisiert und zweitens immer in der lärmenden Majorität: Grund genug, ihnen gram zu sein. Und sind drittens infernalisch grausam, viertens der niederen Jagd, fünftens dem Hühnerhof einschichtiger Anwesen, sechstens den Scheuern – zum Beispiel dem in Lattenkäfigen eingespeicherten Kukuruz – auch dermaßen schädlich; und siebentens und überhaupt Krähen: feig, schmutzig, allgegenwärtig und von Gott ungerechterweise mit auserwähltem Verstande begabt.

Eines meiner Reviere, völlig ausgeschunden übernommen, habe ich volle vier Lenze und Sommer lang, während man ringsum gierig auf Böcke lauerte und nichts anderes im Kopfe hatte, einzig und unerbittlich auf Krähen bejagt, gleichgültig dagegen, ob mein Schuß etwelchem wieder hereingehegten Rehwild den Einstand vergrämen könnte; so nachdrücklich und beharrlich auf Krähen begangen und bejagt, daß Leute, die nichts von mir und eigentlichem Jägertum ahnten, darüber witzeln zu dürfen glaubten. Der wahre Witz aber war der: der Niederwildstand hob sich überraschend schnell und erreichte nicht nur eine beachtliche sondern auch vordem ungekannte Höhe – und das Rehwild machte sich nicht das geringste aus meinem Betrieb mit Knall und Pulverduft. Denen aber, die es anging, wurde das früher üppige Leben zum Verzagen sauer.

Gleichwohl habe ich mich nie zu bequemem Gift verstehen mögen. Es gibt Grenzen, es gibt Gefühle auch für den Feind. Sodann hat es mit Gift in Landschaften der Streusiedelung seine Bedenken. Wo jeden Einödhof ein Gefahren- und Verbotsgürtel von zwei- bis dreihundert Metern Breite umgibt und diese Gürtel sich berühren, hört es mit dem Phosphor auf. Ein vergiftetes Revier ist für mein Empfinden auch immer irgendwie verunreinigt. Kunstdünger, Unzier der Stromleitungen über die Flur, Benzinstank im Harzhauch der Wälder, Scheusäligkeiten des Traktors und anderer Mißgeburten des Menschengeistes sollten das Gemüt ja einigermaßen abgehärtet haben; dennoch wehrt sich da irgend etwas gegen die Waffe aus dem chemischen Tiegel. Und noch eine Stimme spricht da mit: die einer gewissen Eifersucht. Einer Eifersucht, ja, die der genießerischen Wollustliebe zum Schuß auf die Krähe. Nicht an ruhmloser Verätzung ihres Verdauungstraktes soll sie irgendwo verenden, sondern im offenen Kampf der Listen besiegt dem Jäger verfallen: auf daß er dann auch ihr das sühnende Rauchopfer einer Zigarette bringe und dabei sich einspinnen lasse vom Altweibersommer seiner Erinnerungen.

Zu diesen Erinnerungen gehört, daß ich ausgerechnet für schäbige Krähen so viel aufgewendet habe wie ein anderer für einen hochkapitalen Karpathenhirsch. Das hängt mit ihrer niederträchtigen Gescheitheit zusammen. Gerade gegen die Krähe ist nicht leicht eine Waffe gut genug. Auf Krähen war ich versessen; aber mit der Schrotflinte konnte ich meine Leidenschaft nicht befriedigen. Zu Anfang des Jahrhunderts kamen dann die verschiedenen Kleinbüchsen auf. Sie schossen für unsere altmodischen Expreßbegriffe wunderschön und halfen eine Zeitlang, den Galgenvogel um ein zusätzliches Ende der einer Flinte gegenüber zu beachtenden Respektdistanz zu betrügen; aber schließlich wußte das gelehrige Gesindel hundertzwanzig Schritte ebenso genau abzuschätzen wie früher sechzig, außerdem fehlte den hübschen Büchsen der Flintenlauf für den streichenden Feind, darunter auch Sperber und Habicht, also die Ergänzung der Theorie zur Praxis; denn anmutige Theorie bleibt die sogenannte Schonzeitbüchse in mehr als sechzig unter hundert Fällen. Aus diesem, natürlich nicht gerade nur von mir empfundenen Bedürfnis entstanden dann die netten „Revierbüchsflinten“ und „-drillinge“, die richtigen „Alltagsgewehre“ mit verbesserter Munition. Sie waren an sich nicht ganz billig, aber die abgefeimten Aasvögel machten den Spaß noch teurer, denn sie kamen auch hinter den Witz mit der bis hundertfünfzig Schritt auslangenden verbesserten Munition und wollten jetzt auf hundertachtzig und zweihundert Schritte geschossen sein. Ich und einige mitverschworene Büchsenmacher taten ihnen den Gefallen; indessen ohne erhebliche Stangen Goldes ging das nicht ab, denn Läufe, denen auch noch auf zweihundert Schritte der Krähenkörper oder – das Menschenherz ganz sicher ist, waren nicht so ohneweiters vom Vorrat zu nehmen. Schließlich kristallisierten sich aus all diesen vereinten Anstrengungen einige Waffen, von deren unheimlichem Fernmachtbereich heute noch unter den Nachfahren der bekriegten Krähenstämme jener Reviere düstere Gruselsage umgehen mag. Da war ein bildsauberer Zwanzigerdrilling, die ganze Garnitur, lange Hahnschloßbleche und System von Eichkatzeln in silbergrauem Laubwerk bevölkert, der lieferte mit seiner verstärkten Scharfschützpatrone jeden durchs Diopterloch[107] angetupften Rabenvogel auf zweihundert Meter, nicht Gänge, und einmal einen solchen über mehr als die ganze Strombreite der Save hinweg auf einer jenseits im anderen Reichshälftengebiet dem Ufer vorgelagerten Schotterbank; da war eine ziemlich gewichtige Bockbüchsflinte mit wunderbarem, dumpf still wie der Türblock einer Panzerkasse einschnappendem Saugverschluß, dickfleischigem Lauf und ganz zartem schmalfeldrigem Drall, die schoß auf hundertzwanzig Schritte fünf ihrer langen Original-Winchesterstifte in einen Goldfingernagel zusammen. Da war – – –

– – – doch wozu all der wehmütige Nachruhm, wo Beweise nicht mehr zu erbringen sind? ... Allerdings: die Bockbüchsflinte, die Freund Bartsch[108] und ich uns zusammenträumten, mit dem Abzugs- und Schneckengriffbügel aus blondem goldinkrustiertem Schildpatt, dem Medaillonminiaturbildnis der Geliebten unterm Diopter, noch anderen Heimlichkeiten unter der Kolbenkappe aus gehämmertem Kupfer, dem Schaft aus Veilchenholz und der Streuung von null Millimetern ist nie Wirklichkeit geworden.

107 Zielvorrichtung
108 Rudolf Hans Bartsch, österr. Offizier und Schriftsteller

Gipsrelief Friedrich von Gagerns,
Künstler unbekannt
Foto: © Dr. Josef Lueger, Geigenberg

Und all das um ein paar Aasbraten von ruppigen Krächzern? Warum nicht? Jeder Mensch baut sich seine eigenen Gnadenaltäre. Mich hat zum Beispiel Schwarzwild nie sonderlich gereizt; der Gams nach einmaliger Kostprobe überhaupt nicht verlockt; der Hirsch nur hie und da, gewöhnlich aber bloß halb aufgeregt; der Rehbock immer wieder aufgewärmt; ich würde nie im Leben eine Giraffe, ein Zebra und nun gar einen Elefanten haben totschießen können; für eine lausige Krähe aber – – würde ich wildern gehen …

Immer im braunen Erstvorfrühling, wenn der Föhn hereinhaucht, Erde zwischen sterbendem Schmutzschnee zu riechen anhebt und unter wühligem Warmfeuchtgewölk Seidelbast und Nieswurz zur Blüte erwachen, ergreift mich die Unruhe nach Krähe und Schuß.

Denn was sich in den Gleisspuren des Winters um rauchenden Roßmist sammelt, ist nicht das Richtige. Obgleich gerade zur harten Zeit der Jäger dem Gesindel am eifrigsten das Dasein verleiden sollte, schon den darbenden Singvögeln, dem Rebhuhn und auch dem mageren Hasen zulieb; denn gegenüber dem Mitgeschöpf in Not kennt die Krähe, Tier mit dem Herzen eines Wucherers oder Gelegenheitsschinders, kein Erbarmen: das Rebhuhn wird an der Schütte überfallen, der geschwächte, sonst ganz gesunde Lampe – hab es selber nicht nur einmal gesehn – umstellt, niedergekrächzt, von den Schrei- und Schlagführern der Rotte mit zielsicherem Wuchtschnabelhack seiner angststarren braunen Seher beraubt und als wehrloser Blinder bei lebendigem Leibe gefressen … Darum selbstverständlich auch im Winter jede verfügbare Patrone gegen die Krähe. Allein, wie gesagt, die rechte Stimmung für die Blutrache kommt erst im Frühling, wenn der Kanaille der Minnefasching aufgeht und ihr das Spiel zu vergällen grimmige Lust bereitet. Dem Bock und Hirsch seine heilige Zeit, dem Großen und Kleinen Hahn die Balz einzuschonen ist seit langem mein ehrliches und – bisher erfolgloses Streben gewesen. Der schwarzen und grauen Niedertracht gönne ich solche Vergünstigung nicht.

Da sitzt man nun leidlich gedeckt hinter den anknospenden Randsträuchern eines kleinen Laubgehölzes mitten zwischen Auenflur und hügeligem Fruchtgefild – ein Laubgehölz wegen besserer Schußsicht immer zu bevorzugen –; läßt sich die Sonne von Süden her auf den Rücken scheinen; kann dabei den lebendigen oder künstlichen Uhu ausgesetzt haben: und gedenkt derweilen zum Zeitvertreib einiger irgendwie prominenter Persönlichkeiten unter den auf Bummelbirsch, Vorpaß oder sonstwie erlegten Corviden der in jedem Sinne langen, mit ihren Anfängen fast schon in Dämmerdünsten der Ferne sich verlierenden Lebensstrecke.

Das war noch in meinen jungen Jahren drunten im unermeßlich großen Heimatpark, diesem Lustrevier unvergeßlichster heimlicher Stimmungen und Genüsse; und war irgendwann zwischen den vierzig Märtyrern und einem mittelfrühen Ostern, zur Zeit, da bei uns der Ringeltauber schon eifrig buhlte und balzte: wie eben der, dem es damals galt, einem ganz bestimmten, mit dem Sitz in der Krone einer mächtigen Eiche des aus irgendwelchem Grunde so genannten „Seufzergrabens“. Mit diesem „Seufzergraben“ aber stand es so, daß er von den Wipfeln der Kirschbäume auf dem etwa zweihundert Meter weit zur Linken sich wölbenden Wiedenhügel gut eingesehen werden konnte; auf jenen Kirschbäumen hockte unabänderlich irgendeine Wachkrähe, und so war zu erwarten, das der beschlichene Tauber in seiner Eichenkrone vernehmlich gewarnt, zum Verstummen und vorzeitigem Abklatschen gebracht werden würde. Ich machte mich also mit sehr geringen Aussichten auf den Ansprung und hörte tatsächlich den Wächter von weitem schon über meine erspähte Anwesenheit sich auskrächzen; der Tauber stanzelte einstweilen in vorschriftmäßigen Strophenpausen unbeirrt weiter. Dann aber änderte sich die Musik. Die Krähe hatte meine Absicht erkannt; sie verschwieg boshaft und beschränkte sich auf schadenfrohe Beobachtung. Wenn ich mich mit dem Tauber und nicht mit ihr oder ihresgleichen beschäftigte, was ging es sie an? Vielleicht, daß dabei ein bloß geflügeltes und verlorenes Opfer für sie abfiel? … Ich meinerseits beobachtete nun auch, erriet den schwarzen Gedankengang, und die Gemeinheit verdroß mich. Um eins ihrer Sippe hätte die alte Vettel Feindio und Furio gezetert, der arme Vogel der Venus[109] und des Heiligen Geistes aber mochte ihrethalben ruhig sterben. Das heischte Strafe. Dank verschweigender Krähe kam ich wirklich flintennah an meinen schwerverliebten Dudler heran; lockend bot sich im Beugen und Blähen die geschwellte Brust zwischen den weißen Achselspangen. Der Schuß unterblieb; dafür knackte ein dürrer Zweig. Der Sänger ritt ab; der Jäger blieb gegen jene Kirschbäume gedeckt hinterm dicken Eichenstamm auf einer Reisigwelle sitzen; nicht eine halbe Wimper durfte jetzt um die Kante herum riskiert werden. Die kleinere Neugier gewann, die größere verlor; eine Art Nervenkrieg. Nicht eine volle Viertelstunde währte das, dann kam die Sünderin stumm und nicht allzuhoch in vorsichtigem Bogen angeschwommen. Natürlich konnte ich der Entdeckung meiner unliebsamen Person nicht mit dem Schusse zuvorkommen, das lag in der Natur des Versteckspieles. Jetzt wurde die Krähe des Laurers gewahr, schwenkte und kreischte Verrat übers Land. Zu spät; die erste Patrone zwar faßte – wegen unbequemer Rechtswendung – nur Luft, die zweite mit ausgiebigem Vorschwung dafür Federn und Leben. Zur Anprangerung ihres asozialen Verhaltens wurde die Gerichtete mit dem schwerschnäbeligen Schädel in einen Gertenzwiesel des Randgesträuchs ausgehängt.

Krähe bleibt zwar Krähe, doch scheint es unter diesen Genossen der Gleichheit, Brüderlichkeit und Solidarität bisweilen außerordentliche Exemplare zu geben. Folgende Kleinhistorie hört sich fast an wie eine Sage, aber sie berich-

109 Taube

tet nichts als erlebte trockene Wahrheit, und das Sagenmäßige daran beruht einfach auf zeitlichem Zufall.

Mitten aus einem etwa sieben Joch haltenden Schwarzgehölz gemischter Altersklassen erhob sich über alles Baumvolk eine offenbar aus voreinstigem Abtrieb übriggelassene, wahrhaft riesige Fichte von fast vier Metern Umfang und einstweilen ungemessener Höhe, dabei astrein bis auf mindestens zweiundzwanzig Meter ihrer prachtvollen Stammsäule, gemein- und schlechthin der „Altvater“ genannt; nur eine starke Wurzelaufschwellung und eine leichte Ostneigung beeinträchtigten die Schönheit des Kolosses. Auf diesem beherrschenden „Altvater“ nun pflegte unabänderlich eine Krähe zu sitzen, und zwar eine ganz bestimmte, eine außerordentliche Krähe, in jeder Hinsicht würdig ihres königlichen Thrones. Auf normale, das heißt flintenschußmäßige Distanz bekam man diese Altmutter nicht zu sehen; aber auch in der Entfernung hob sie sich durch ihre Stärke – man dachte unwillkürlich an einen Kolkraben oder, falls es das gibt, an einen Mischling – deutlich von etwa mitstreichenden Artgenossen ab, und ihre tiefe weittragende Stimme war unter hunderten herauszuhören. Kam man – als Jäger versteht sich – von irgendeiner Seite her dem Gehölze nahe und der hoch überragende „Altvater“ war unbesetzt, so konnte man jedes Gift darauf nehmen, daß er binnen kürzestem von seinem weiß Gott woher anstreichenden Standvogel eingenommen und noch lange bis nach des verdächtigen graugrünen Schleichers tatsächlichem, nicht nur fingiertem Abzug behauptet werden würde. Überflüssig zu sagen, daß ich die Altmutter haßte. Widrig klang mir ihr triumphierend höhnisches, hoch überlegenes, erztief schnarrendes und glockendes „Arr“, „Kraa“ und „Ong“ im Ohr. Solange diese Wächterin des Tales lebte und von ihrem Altvater aus drei Grabensysteme mit ihren Hölzern samt Zwischengelände kontrollierte, mußten alle örtlichen Unternehmungen scheitern. Ich beschloß ihren Tod.

Indessen das war leichter gedroht als durchgeführt. Von Beschleichen konnte niemals die Rede sein. Vorpaß im Holze selbst hatte keinen Sinn, denn der Wipfel des „Altvater" blieb von innen her unsichtig, ausgenommen eine kleine Räumde, von der aus aber der Schuß auf die anstreichende Krähe ein zu weiter gewesen wäre; und zu genauem Hinzirkeln der Kugel, obendrein unterm gegebenen Steilwinkel, hätte mich die Meisterin hier nicht kommen lassen. Auf Uhu, Quäke, Krähenlocker fiel sowas natürlich längst nimmer herein. Ich studierte und sinnierte. Nichts blieb übrig als der Angriff von außen. Es mußte sich ein Punkt finden lassen, von dem aus der Wipfel des „Altvater" in aller Ruhe, das heißt aus verläßlicher Deckung mit der Kugel zu beschießen war.

Damit hatte es wieder seine großen Schwierigkeiten. Die Geländefaltung widersetzte sich allen Überlegungen. Über den nordseitigen Graben her hatte es seine vierhundert, vom anstoßenden Gehölz über die Wiesenmulde immer noch seine dreihundert Schritte. Das war zuviel der Zumutung. Als letztes fiel mir eine Gruppe von Feldobstbäumen an der oberen Westecke ein. Wirklich war von hier aus der Wipfel des „Altvater" zu sehen und mit Not zu bestreichen. Aber noch besser: in der Westecke des Holzes stand eine gewaltige Eiche, und wie ich auch diese Gelegenheit auf ihre Eignung hin prüfte, zeigte sich der Wipfel frei, wie gemalt und gerahmt, im Rund einer zufälligen Bestandeslücke. Zu allem Überfluß schritt ich, so gut es durch den Unterstrupp zu machen, die Entfernung zum Baume zweimal ab. Es war am Ende zu wagen. Schlag zweihundertzwölf Schritte, ich weiß es noch heute. Mein Standort lag höher als der Wurzelstand des „Altvaters", dessen Wipfel überragte um etwa denselben Betrag meinen Standpunkt. Ich konnte mit einem gleichschenkeligen Dreieck rechnen. Die bewußte Bockbüchsflinte mit dem Saugverschluß hatte haarscharf reguliertes Fleckvisier für hundertfünfzig Meter, das sind zweihundert Schritte; dazu ein nach Vorschrift profiliertes Korn und einen prachtvollen starken Diopter. Es mußte eben versucht werden.

Ein paar Tage blieb ich nun weg, um mich vergessen zu lassen. Dafür opferte ich drei der kostbaren, nicht immer leicht zu beschaffenden Originalpatronen – keineswegs etwa der Scheibe sondern einem in hundertfünfzigmetriger Entfernung aufgestakten kleinen Gartengeschirr, vulgo Gewächstopf. Nahm mich ganz steif zusammen, und jedesmal stob aus dem durchstanzten Ton die Lehmstaubwolke auf. Sitzend und richtig in der Handpolsterung des weich zum Baume anverstrebten Armes ausgelegt, selbstverständlich. Man soll sich nicht stärker darstellen als man gewesen. Und beschreiben, nebenher, lassen sich diese Griffe nicht; nur vormachen. Ja, das war halt eine Büchse. Und Augen hatte man damals im Kopfe, daß mans heute, des linken verlustig geworden, auf dem rechten leicht altersgetrübt, selber nicht mehr glaubt.

Eins fiel mir noch aufs Herz: das Hinterland. Aber vielleicht mußte bei der gegebenen Bevölkerungsdichte und der gewählten Stunde nicht unbedingt ein Mensch an meine Kugel hintapern. Notfalls konnte man sich vielleicht auf einen Meteoriten ausreden.

Eines Morgens brach ich lange vor erstem Tagesgrauen auf. Büchslauf zart gereinigt und peinlich sorgfältig entfettet; mit dem leibhaftigen Zlatorog[110] konnte mans nicht feierlicher nehmen. Bei anbrechender Dämmerung saß ich schon unter meiner Eiche. Kein Tau lag, kein Frühhauch kühlte; es würde ein brandiger Tag werden. Draußen am Gehölzrande kam ein gespenstiger Hase angehoppelt; etwas wie der Rücken eines Rehes schien sich dort drüben durch den Klee zu schieben. Aber nicht diesen Bildern, nur dem Wipfel des „Altvater“ galt meine Aufmerksamkeit. Scharf, schwarz und klar zeichnete er sich gegen den auflichtenden Osten.

---

110 sagenhafter weißer Gamsbock

Nun begannen die Krähen zu erwachen. Oft habe ich nur ihnen zulieb oder zuhaß diese Stunde genossen, wenn sie von ihren Schlafbäumen mit schweren taurauschenden Fittichen den Morgenwarten zustreichen, um da zusammengedrängt, die Träume der Nacht und die Vorhaben des Tages durchzubekakeln. Das blieb diesmal aus. Aber plötzlich saß die Altmutter auf ihrem Hochthron, schüttelte sich, verbeugte sich wie ein Muezzin auf dem Minarett und krächzte mit ihrer tiefmetallischen Generalswitwenstimme. Noch zögerte ich. Noch ging es nicht. Noch würde sie sich besser aus dem Lichtgrund herausheben. Arrr ... Kraaa ... Ong ... Dieses widerwärtige Ong. Schon darum war ich den Krähen feind. Wenn gegen Mitte September die großen Ferien zu Ende gingen und die Frühnebel länger ums Schloß standen, saßen sie unsichtig in der Fichte des Zwingerrondells vor dem Ostturm und sagten „Ong“ und „Anga“. Hing also rein stimmungsmäßig irgendwie mit freudlos gepackten Koffern, Abschied von Knabenflinte, Eichkatzeln und Freiheit und der faden Pädagogenstimme unseres Gymnasialdirektors zusammen. Arrr ... Kraaa ... Kraaa ... Ong ... Jetzt? Zu lange durfte auch nicht gelauert werden, sonst begann die Blendung. Wunderschön zeichneten sich Wipfel und Vogel gegen rotstreifiges Blaßgrüngold; wunderschön, mit unzweideutiger Schärfe, auch Korn und Kimme im weitgelochten Diopter. Und nun zog sich alles in einen Fixpunkt zusammen; zu drei Vierteln schien das Korn die Altmutterkrähe zu decken. Ohne daß ich mich ausdrücklich dazu entschlossen hätte, zart wie von selber ausgelöst, war der Schuß aus dem Rohr.

Ich sah die Altmutter kippen, durch die obersten Stockwerke des Geästes stürzen – dann zerklirrte der Morgen in Millionen bunter Splitter.

Unendliches Wehgeschrei kreiste über den Wäldern.

Nach einer inbrünstigen Zigarette machte ich mich auf die Suche. Auch einer verhaßten Krähe muß der Totenschein ordnungsgemäß ausgestellt werden können, eher hat das Gewissen keine Ruhe. Und sehen wollte man natürlich auch, was man mit dem ganzen Aufwand erreicht. Und sich eitel daran weiden.

Unterm Altvater lag die Mutter nicht, und auch der Hund vermochte nichts zu finden. Aber plötzlich, wie ich betroffen und schon halb verärgert überlegte und mir das Bild im Schusse vergegenwärtigte, polterte es droben von Ast und Ast und die letzte Schafthöhe heruntergeplatzt kam der entkrampfte Vogel, Krähe von tatsächlich ungemeiner Größe, Stärke, Flugbreite, in allem etwa die Mitte zwischen einem gewöhnlichen ausgewachsenen Exemplar und dem Kolkraben haltend. Die Kugel hatte gerade noch Glück gehabt; nicht die Brust, sondern der Hals dicht unterm Schädel war durchschossen. Brandrot ging die Sonne auf. Schon der Morgen stockte voll schwerer Schwüle.

Das Weitere ist dann eben der zeitliche Zufall. Nach Mittag versank die Welt in ein fahles Licht, gegen Abend brach einer der furchtbaren Wettersturzstürme des Mittsommers los und zwar einer der ärgsten, die ich je erlebt. Der ganze Landschaftsraum war eine zischende Wand von Wasser, Orkan und stummen Blitzen, denen erst später auf der Rückseite des tosenden Durchzugs die gellenden Einschläge folgten. Unendlicher Schaden geschah, das Erlebnis dieser Frühe war vergessen. Als ich aber nach einigen Tagen das Revier wieder beging, wollte mir etwas, ich wußte selbst nicht gleich was, im gewohnten Bilde fehlen. Bis ich dann die Wunde entdeckte: der „Altvater“ stand nicht mehr. Das heißt, es stand wohl noch die mit ihren Wurzeln halb ausgehobene Stammsäule schräg auf ungeheurem gelockerten Wurfboden, das beastete Obergeschoß des Baumes aber, seine Fahne hing mit häßlichem splitterfetzigem Spiralbruch an schraubgedrehten Ausrissen von Holz und Borke seitab verfangen zwischen anderer Verwüstung. Hier bedurfte es keines Aberglaubens, um ergriffen zu sein. Noch am Morgen hatte man sich mit dem königlichen Baume eindringlich beschäftigt und wieder einmal bewundernd an seiner Majestät hinangestaunt; vor Nacht des nämlichen Tages war er der „Altmutter“ in den Tod nachgefolgt. Rabenvögel bringen es zu hohen Jahren. Wer weiß, wie lange schon Fichtenfürst und Krähenkaiserin in Treue zusammengehalten? Überhaupt, was wissen wir? …

Diese ganze umständliche Geschichte hatte übrigens ein nicht ganz so romantisches Vor- und Gleichspiel.

Eines Tages kam unsere alte Hühnermagd mit dem Schürzenzipfel vor verheulten Augen und der herzbewegenden Klage, eine böse Graukrähe hole ihr täglich ein halbes Dutzend oder mehr Kücken förmlich unter den Flügeln der ausführenden Glucken weg, immer sitze die Unholdin von erster Frühe an in den kronenkahlen welschen Pappeln unterhalb des Meierhofs und belauere von dort aus den Geflügelstall mit seinem Verkehr. Mit der Schrotflinte war gegen die freistehende Pappelgruppe nichts zu unternehmen, aber auch die Basis für einen Angriff mit der ferntreffenden Kugel wollte gefunden sein. Als solche boten sich nach längerem Überlegen und Wählen schließlich die Bogen der Schloßbrücke, mit gleichzeitigem Versteck und geeignetem Anstrich. Der Schuß würde allerdings ein verwünscht „zacher“ sein; mehr als fünfundvierziggrädig nach oben – Fuß der Pappeln etwa dreißig Meter oberhalb meines Standorts, die Bäume selbst gut fünfundzwanzig Meter hoch – und das bei einer Entfernung von mindestens hundertfünfzig Schritten; auf Gams und Bock muß man sich bei solchem Schuß aus unbeglaster Büchse stark zusammennehmen, und ein Krähenkörper ist nicht wesentlich größer als ein Rehherz. Jene Bockbüchsflinte besaß ich damals noch gar nicht; dafür allerdings einen Seitenschloß-Selbstspannerdrilling, der die gewöhnlichen neundreizehntligen Bleistümpfe vor Naßbrandpulver mit unglaublicher Präzision, der eines Scheibengewehrs, der einer Matchbüchse auf den Fleck setzte. Diesmal wurden keine langen Vorbereitungen getroffen. Der nächste Morgen fand mich unter der Brücke, die Raubkrähe schwang sich auf, Korn, Kimme und Gucker zentrierten sich auf ihr schwarzes Leben: und der Galgenvogel – dies der Witz des Falles – blieb jahrelang im Besen des Kahlgezweigs hängen. Wenn ich später nach vielmonatigen Abwesenheiten und von weiten Reisen heimkehrte, suchte immer einmal wieder der Blick die Reste der gerichteten Sünderin; und wo die Pappeln, darunter einst das kostbare Schloßlinnen frühlingsgebleicht, im Herbst dann die grünen Nüsse auf Plachen geschält worden, inzwischen nicht mit der ganzen guten alten Zeit gefallen sind – – – – – – da, das kommt von Erinnerungsträumen! ... Da waren sie, arr, arr, kraaa; schon schwenken sie, noch kann es gehen. So recht, bloß geflügelt die erste; da kreisen die anderen über ihrem Jammer. Maustot die zweite. Wozu die gute Dreilaufflinte? Wieder geflügelt die dritte. Halt, mein Hund, noch nicht. Wenigstens einen Lauf, nein, die zwei oberen mit Zehnern beschicken. Wie die Schatten der Lamentierenden sich vom Blaubraun der Frühlingserde abzeichnen ... Siehst du, mein Hund, es wollte; numero vier. Numero fünf, schade, gefehlt. So, mein Hund, nun darfst du. Und von den vieren kriegst du eine Leckersuppe, daß dir der Fang schäumt. Für heute können wir zufrieden sein. Ein Blütenzweiglein vom Zeiland knicken wir uns als Bruch. Nur Krähen? ... Ja, nur Krähen.

Stunde und Stimmung.

Was mir immer das Köstlichste und Wesentlichste am ganzen Weidewerk gewesen? Nicht die Erlegung eines armen, guten und – unschuldigen Stückes Wildgetier; das ist eine kurze Spannung, ein jäher Rauschgenuß, der schon wegen seiner Flüchtigkeit stets nach Wiederholung verlangt: und zurück bleibt von der Verbrennung doch viel unlöslicher Schlacke ... Nein, das Schönste und Eigentlichste war mir am Ganzen, vom Voranfang bis übers bittere Ende hinaus die Stimmung; Stimmung, die durch den sogenannten Erfolg und das vermeintliche Weidmannsheil unter Umständen nur getrübt werden konnte. Aber wer will das heute noch verstehen?

Und doch: – wer sich Erinnerung an Zeiten reinen Glückes zu bewahren vermochte, der gedenke des zarten Geheimnisses der letzten Adventwochen. Was schenkte die tiefere Seligkeit: die Erwartung oder die Erfüllung? An was hatte man mehr Freude, an der Zurüstung mit ihrer innigen Gemütlichkeit, Ordnen der Lichter und Kerzenhalter, Neuvergoldung und Goldbeschnürung der Nüsse, Buntbedrahtung der duftenden Letternbäckerei – oder am heruntergebrannten und geplünderten Weihnachtsbaum im nüchternen Mittagssonnenlicht des zweiten Feiertages? Dies also: etwas wie Advent mußte für mich immer ums Jagen sein; womöglich ein ewiger Advent. Mit allem und zu allem, was schön ist und erlebenswert, soll man sich einen reichen heiligen Advent machen. Was der Advent schenkt, das bleibt.

Irgendwie war ich lange, und zwar bewußt, mit Grundsatz und Absicht Kind geblieben. Selbst in die realsten Beziehungen trug ich vorgenußfreudiger Schwärmer meine geliebte Adventstimmung hinein. Die Anschaffung einer neuen Jagdwaffe zum Beispiel war für mich keine kalte geschäftliche Angelegenheit, sondern eine sehr umständliche heilige Handlung. Da setzte man sich nicht einfach hin, sah nach dem Preis und schrieb oder telegraphierte – so gefühlsroh verfuhr ich erst später in einigen wenigen Fällen. Ein besserer Gewehrkatalog war kein gleichgültiger Wisch sondern eine Bibel, und wollte demgemäß gewürdigt und durchforscht sein. Dazu gehörte die stille Beschwörungsstunde der Nacht, die abseitige Turmstube mit dem Studiertisch unterm warmen Goldkreis der einsamen singenden Lampe und den braunen Dämmertiefen voll webender wachsender Schatten, Eulenjuch und Wühlwind ringsdrunt im Ulmenhag, Knack und Knister in Gebälk und Getäfel: die Stimmung.

Zu den feinsten Stimmungen jägerischen Erlebens gehörte immer die der Vorbereitung und des Aufbruchs.

Nicht an den Vorabend und die Frühe feudaler Schießvergnügungen größten Stiles ist da zu denken. Auch im Herz unterm Frackhemd, auch an Bridge-Tischen, bei Kreis-, Provinzial-, Reichs-, Hof- und Armeeklatsch am Kamin mochte etwas wie eine Stimmung aufkommen, auch die Hingabe an ein opulentes Frühstück mit dem Bewußtsein, sich dabei die Kräfte für die Tötung von hundertfünfzig bis zweihundert „Kreaturen" zu sammeln, mochte solchen, die es nicht anders wußten, eine Unerläßlichkeit bedeuten: allein das ist ein Bild aus einem anderen Rahmen und gehört in ein anderes Kapitel.

Als meine Mutter, einziges Kind der Großeltern und darum in allen, auch männlichen Sätteln beritten gemacht, einst den Wunsch äußerte, den Vater hinaus in den Winterwald auf die Jagd begleiten zu dürfen, ward ihr der Bescheid: „Ja! … Aber, da wird das gnädige Fräulein Tochter auch die süße Last gewisser Pflichten auf sich zu nehmen haben, dem Papa die juchtenen Langschäfter gewissenhaft schmieren, die Patronen für den Vorderlader aus Löschpapier rollen, kleben und nach Anweisung füllen lernen, ihm in einer juchtenen Tasche die Munition zusamt einem kleinen Zwischenimbiß und an einer grünen Kordel das Hörnchen tragen, auf stundenlangem Stande aber nicht über Kälte klagen dürfen, schweigen und sich beherrschen müssen …" Und die hochgeborene Komteß, dereinstige Erbherrin über mehr denn fünftausend Joch damals blühenden, nun längst verlorenen Paradieses, nahmen die Dienstvorschrift ohneweiters an; war doch die nämliche hochgeborene Komteß seit ihrem zwölften Jahre dazu gehalten worden, dero Mädchenzimmer höchstselbst ohne irgend Beihilfe aufzuräumen, zu fegen, zu entstäuben, zu lüften, und dero Strohsack – ja, Strohsack – höchst eigenhändig umzuschütteln, überhaupt dero Quartier streng soldatisch in Ordnung gebracht zu haben, bevor ihr das Frühstück genehmigt und nach diesem mit dem sprachlichen Schliff zur Dame begonnen wurde; auf welchem Mädchenstrohsack, notabene, meine Mutter besser als jemals später auf Sprungfedern, Roßhaarmatratzen und Daunen geschlafen haben wollte. So wurden also Stiefel geschmiert und Löschpapier-„Patronen" – wir verbinden mit dem Worte freilich eine andere Vorstellung – gewickelt, während Großvater beim Schein der Moderateurlampe mit seinem begabten feinen Zeichenstift irgendeinen seiner vielen, stets wohlüberlegten Verschönerungsentwürfe im Detail zur Vergegenwärtigung brachte, Großmutter – was sie besonders gerne tat – in alten Familienpapieren studierte und gelegentlich daraus vorlas, die Hausfranzösin an den Bändern ihrer neuen Haube stichelte und der Hauskaplan, selbst angehender Weidmann, teils lehr-lernbegierig zusah, teils die Daumen drehte und nückerte. Truhenholz und Getäfel knackten, Samowar[111] sang, die Drachenfahne auf dem Turmknauf ächzte im umschlagenden Wind … Da war etwas von der heimseligen Stimmung, die den Vorschmack vom Strapazvergnügen des anderen Tages mit wärmender Würze durchglüht; und so, wie die Mutter es mir beschrieben, war es auch durch die Natur, den Geist des Hauses, die Landschaft auf mich übergegangen.

111 russ. Wasserkocher für die Teezubereitung

Lange Jahre hindurch hat sie dann den alten Herrn auf mitunter beschwerlichen und wenig lohnenden Jagdgängen in die Berge begleitet, hat ihm später sogar, als seine Schulter ermüdete, die jeweils geführte seiner schönen Springer'schen Flinten getragen, hat auf kalten Schneeständen vor unermeßlich großen Trieben tapfer und treu ausgeharrt: und vom persönlichen Liebesdienst der Stiefelpflege hat sie selbst als vollendete Dame schon überlieferungshalber nicht lassen wollen. Und ist dennoch kein modernes Sportweib, keine Diana aus ihr geworden; ein Schuß nach Wild ist von ihren fraulichen Händen niemals abgefeuert worden, ja, als einst der Großvater aus Versehen ein im hohen fahlen Altgras heranflüchtendes geringes Kitz für einen Hasen erlegt, gewann sie ihm das Versprechen ab, überhaupt nie wieder die Waffe gegen ein Reh zu richten.

Die beste Kennerin jagdlicher Vergeistigung ist sie bis zu ihrem Tode geblieben.

Mit gleich spartanischer Anhaltung zu dienstlichen Verrichtungen hat es bei mir – vielleicht leider – nicht begonnen, aber der Sinn für den unvergleichlichen Genuß an eigenhändigen Zurüstungen ist mir auch unter verwöhnenden Verhältnissen nie verlorengegangen. Ich habe Jäger kennengelernt, und zwar leidenschaftliche, große, berühmte – freilich, „Jäger“ sollte man sie eigentlich nicht nennen –, deren ganze Tätigkeit bestand darin, einen grünen Famulus zu bezahlen, sich von ihm das kostbare Schwesterflintenpaar in eine feine Lederkassette, ein gewisses Großquantum Munition in einen luxuriösen Patronenkoffer packen, je eine Fahrkarte erster und dritter Klasse besorgen zu lassen, angetan mit dem kamelhaarenen Kavaliersmantel nach dem Kriegsschauplatz zu reisen, abgeholt zu werden, nach der Begrüßungszigarre den Frack herausgelegt und die Knöpfe ins Frackhemd eingesetzt zu finden, zu dinieren, Bridge zu spielen, zu schlafen, ausgiebig zu frühstücken, einen Wagen zu besteigen, einen Stand zugewiesen und die geladene Flinte zugereicht zu bekommen, und endlich – – zu schießen.

Mag auch dies Lebensstil sein: mir blieb er fremd und unverständlich, denn es fehlte ihm das Wichtigste, die lebendige Beziehung zu den Dingen. Solche Leute waren ja vielleicht sehr wohlhabend, ja reich; dennoch, ohne es entfernt zu ahnen, geschweige zu begreifen – und überhaupt begreifen zu können – beklagenswert arm, verkümmert, verkrüppelt. Selbst in gedrängtester Folge jagdlicher Großkampftage, zu denen außer der Betätigung des Abzugs auch noch die Erfüllung anhangender gesellschaftlicher Pflichten gehörte, habe ich mir die Wahrung jener Beziehung niemals nehmen, niemals mich zu bloßem Funktionieren einer mit Bratenfett geschmierten, mit Rotspohn angefeuerten menschlichen Schießmaschine herabwürdigen lassen. Flinten persönlich in Gebrauchsstand gebracht, nachgesehen und versorgt, Patronen persönlich in den Beutel verbuchtet, abends dann die Waffen wieder eigenhändig gereinigt und verpflegt; sonst geht aller Schmelz, geht jeder feinere Reiz verloren, und nichts bleibt übrig als das bißchen mehr oder weniger vervollkommneter Tötungskunst, ausgeübt noch obendrein mit Geräten, denen seine beseelende Liebe zuzuwenden man für überflüssig und nicht herrenstandesgemäß hält. Die Naturen reagieren eben verschieden; der Eine wird durch den Genußrausch alten, vielleicht immer schon als lästig empfundenen Obliegenheiten entrückt, der andere durch besonnenen, niemals unkritisch hingenommenen Genuß in seiner Anhänglichkeit und seinen Gewohnheiten geradezu bestärkt. Mir ist die Heimat überallhin nachgegangen.

Das weitaus Schönere war es freilich, nicht zwei- bis dreihundert Patronen in den Beutel zu zählen, sondern ihrer fünfzehn bis zwanzig in den alten starken Ledergurt – das Schicksal hab' ihn selig, den guten Getreuen, er hat sich dank der Weltgeschichte von einem anderen Herrn finden lassen müssen – oder in die tiefen Taschen der Weste zu wählen und damit selbst für einen unwahrscheinlich starken Anlauf des kommenden Tages mit Überschuß gerüstet zu sein. Zweihundertsiebenunddreißig leuchtendrote oder schwarzsilberne, „Weidmannsheil“ und hundertdreiundneunzig Stück Wild, beides ein Kollektiv bloßer Zählwerte; elf gemütliche grüne handgeschöpfte „Bischweiler“, jede ein Individualität, und fünf Bergwaldhasen, verziert mit dem Fuchs und der Schnepfe, jeder Schuß ein Erlebnis, jedes Stück ein unvergeßliches Exemplar: man soll die Beute wägen, nicht zählen ... Dazu noch, kam der Drilling an die Dienstreihe, ein paar ausgesuchte Kugelpatronen in die blei-, talg- und gebrauchsverschmierte reisstroherne Tasche – die Schloßküche gierte nach einem Reh, eine geringere von den allzuvielen Gaisen der Heiligenkreuzer Dickungen mochte entbehrlich sein ... Die Waffe des Tages selbst sorgfältig nachgesehen, Bohrungen entfettet, der erste Schuß, je nach gewähltem Stande vielleicht der auf den Fuchs, durfte beileibe kein Ölschuß sein; Außenteile und Verschlußwerk dagegen zart gesalbt, Maserschaft wieder eimnal ein bißchen mit Wachs, heißem Leinfirnis, Mastix und Schellacklösung nach eigenem Rezept und Verfahren behandelt, konnte niemals schaden ... Den kleinen, wunderscharfen Brusttaschenbinokel, Begleiter auf allen Treibjagden, zurechtgelegt; das Schweizer Armeemesser; das Merkbuch in den Rucksack; Pfeifchen ins Knopfloch der Kamelhaarjoppe geschlungen; die strammgefüllte Tabaksdose, Jägerei und ältere Treiber bekamen auch davon zu zehren ... Alles? ... Und dann, je nachdem, der Schreibtisch oder der Schlaf; und draußen mit ihren Nebelgeistern die schauernde Spätherbstnacht.

Alles ist Stimmung; Stimmung ist Alles. Auch der Rumpler gegen die hohe eichene Doppeltüre gehört dazu. Noch heute würde er mich aus letztem Hinüberdämmern erwecken, dieser dem inneren Ohre niemals entschwundene dumpfharte Rumpler. Das war Andreas, der Hausknecht, mit den Stiefeln, den amerikanischen, so gut und weich und förmlich tragend, wie ich sie später nie wieder bekommen; und auch die Unverwüstlichkeit des irgendwie zeitlosen, lederzähen kleinen Andreas, einmal von einem Amokläufer

Gerader Achterbock aus Szydlowo.

mit langer Okulierklinge[112] in die Herzgegend gestochen, einmal mit Schädel- und mehrfachem Rippenbruch unter einem gefallenen Baume, einmal mit Fersenbeinvereiterung auf dem Operationstische gelegen, war einmalig. Jedesmal binnen drei Wochen meldete er sich wieder in Dienst; sägte und kliebte von Schlag drei Uhr Morgens an bei schwelendem Lämpchen im krummen Wölbstollen der Holzlege; buckelte Scheiter und Hainbuchenmuseln, richtig nach der Feuerungslänge verteilt, sechzehn Stufen hoch zur Küche, dreiunddreißig Stufen hoch nach den Holzkammern des ersten, sechsundfünfzig nach denen des zweiten Stockes, über siebzig Stufen hinan vor die Turmzimmer; heizte die Außenfeuerungen an; fegte den Schloßhof, die Schloßbrücke, die Straße bis zur Gruftkapelle; jätete das Unkraut aus dem Rinngestein; trug dem Gesinde die Mahlzeiten, zog die ungeheuren Steingewichte der Turmuhr auf; trante das grobe, wichste das feinere Schuhwerk und weckte die Jäger. Andreas der Zeitlose und Unverwüstliche war ein Unsterblicher; ein Stimmungsrequisit.

Wer einmal darauf zu achten gelernt, der wird immer neue, immer feinere Stimmungsnuancen, Stimmungsschattierungen und -töne finden. Man lebt nur daran vorüber, fühlt es vielleicht dunkel und wird sich dessen nicht recht bewußt. Das Licht der Kerze oder Lampe zum Beispiel, heute neben dem des Glühstromes erloschen, ist ein anderes im eindunkelnden Spätabend, ein anderes in dunkler Wintervorfrühe. Dieses besondere wintervorfrühe Kerzen- oder Lampenlicht mit seinem Widerschein auf Stahl und Messing – wer dächte dabei nicht an Mörike[113]? – gehörte unbedingt mit zum gesamten Erlebnis; und so auch der wiederum ganz besondere, dem Zylinder ölrußwarm entsteigende Sterbegeruch der vorm Weggehen ausgeblasenen winterfrühen Flamme. Und dazu ein leichtes wohliges Überschauern.

112 Messer f. Obstbaumbeschnitt
113 deutscher Dichter

Drunten im Speisesaal warteten wieder andere Effekte. Auf dem runden Kirschholzspiegel des gewaltigen Mitteltisches die Lampe; hinter der undicht schließenden Messingtüre des Porzellanofens ein gelindes Feuerchen mit seinem Flackerhusch über Silber, Kristall und den düsteren Goldton alter biblischer Bilder; auf dem Anrichtetische ein Spirituskocher, der mit bläulichem Schein ganz speziell den König Salomo und die Königin von Saba, das Inkarnat[114] der keuschen Susanna und den nackten Rücken der schönen Bethsaba[115] erleuchtete. All das verband sich in der Stimmung der Stunde mit der Vorstellung von Schwarzpulver, Hasen, Reh und Fuchs zu einem unzerreißbaren Gewebe aus Wahrnehmungen, Gefühlen, Erwartungen, Wünschen; zu einer Welt mit ihrem geheimen Schwerpunkt. Noch heute kann ich des von unten herauf angestrahlten, gewagt tiefen Busenausschnitts der Königin von Saba, wie sie vor dem beturbanten, mit großmächtigem Prunkkrummsäbel behangenen Salomo überwältigt einknixt, nicht gedenken, ohne gleichzeitig mich hinter der schiefen brandhohlen Kastanie überm Mühlgrabental stehen und aus der alten Rosendamastnen dem Fuchsrüden die Viererschrote ins Gesicht schießen zu sehen, die Gelehrten nennen so etwas „Assoziation“, bleibende Vergesellung der Eindrücke, Erinnerungen, Vorstellungen. Und nimmt man die Duftblume geräucherten Souchong-Tees, den Schmack von Eiern auf angebratenem Paprikaspeck oder den einer bescheidenen aber echten Krainerwurst hinzu, so ist besagte Assoziation auf die Bereiche aller Sinne erstreckt und damit als Akkord aller Klangfarben instrumentiert.

In solcher Stimmungsstunde eines schneeschweren Winters war es, als ich, zum Fenster hinaus in die auflichtende Landschaft blickend, Zweifel an der Zulässigkeit der anberaumten Jagd im Herzen, plötzlich Gespenster sah. Ja, wirkliche Gespenster; still und grau kam das durch die

114 Fleischton, Fleischfarbe, Begriff aus der Malerei
115 gemeint ist die biblische Gestalt Bathseba (Frau Davids)

Fahrtweglücke im Kranz hoher Fichten und Ulmen aus der Gegend der nordhängigen Schmiededickung her angetrabt, trollte – eins, zwei, drei – vier – – fünf! ... in geschlossenem Strich unterm ersten Bogen der Schloßbrücke hindurch, verdämmerte den Ulmenwald nach dem Talgrund hinab: und war ein Rudel von Wölfen gewesen. Der Drilling lag überm Rucksack auf zwei zusammengeschobenen Stühlen; Schein vom Ofenfeuer spielte in seinem Stahl.

Dasselbe Wolfsrudel hatte eine halbe Stunde zuvor den Pfarrer zusamt Mesner und laternentragenden Boten auf frühem Versehgange blockiert und zur Umkehr gezwungen; war dann, offenbar verirrt und ohne böse Absicht, ins Kirchdorf eingebrochen; hatte sich hier in der Verlegenheit um einen Ausweg geteilt, und einer der fünfe hatte seine Flucht mitten durch das Haus des besagten Fuselschankwirts, den nach krainischer Bauweise die Raumanlage querteilenden Herdflur genommen. Die Köchin, gemeindekundig erzböses Frauenzimmer, gerade überm Feuer zum Frühstück, sieht sich mit einemmale einem riesigen dampfhechelnden Hunde gegenüber; das ist nicht der häusliche „Tiger“ sondern ein anderer: der ihr in seinem Schreck zwischen die Röcke fährt, blindlings weiterbürstend sie auf seinem Rücken mitnimmt und draußen auf den Dunghaufen ableert. Unterhalb der Dorfzäune fand sich die – wohl aus „Weißkrain“, der „windischen Mark“, vielleicht auch der Gottschee[116] oder aus Hochkroatien herüber vertrollte – Raubrotte wieder zusammen; die Reise ging unaufhaltsam weiter, wahrscheinlich durchs Augelände der Save-Niederung hinüber nach den ungeheuren Wäldern zwischen Uskokenbergen und Kulpa[117]: der alte Türken-, Bosniaken- und Banditenweg. Mit dem ausdauerndsten Kirgisenpferde wäre die Spur nicht zu halten gewesen.

---

116 „Weißkrain“, „windische Mark“ und „Gottschee“: Regionen in Kroatien

117 Nebenfluss der Save

Jene „Assoziation“, jener Zusammenklang der Empfindungen und Vorstellungen bestimmten Inhalts ist mir dann durch mein ganzes jägerisches Leben – ich darf nicht sagen „Jägerleben“, denn ich war zuweilen noch anderes als nur Jäger – treulich gefolgt. Wo immer es für mich zu weidewerken gab und galt, die Stimmung des Vorabends wie die der Spanne zwischen Schlaf und Aufbruch durfte niemals fehlen: sonst wäre der ganze Genuß irgendwie unbeseelt und um sein bestes Stück betrogen, die Bescherung ohne den letzten Adventsonntag und den Heiligen Abend geblieben. Irgendeine Lampe oder Kerze, und sei es eine eingebildete, war immer auszublasen, die kleinen Zurüstungen waren nach dreißig Jahren die nämlichen, jener süße flüchtige Vordämmerschauer stellte sich jedesmal ein, der Flackerschein wechselnder Lichter auf altgoldbraunen Bildern, verführerischen Gestalten und Inkarnaten des Lebens spielten gerade zu dieser hellseherischen Stunde auch in der Erinnerung und Phantasie – nur eines hat sich um einen Halbton gesenkt, die Terz jenes Akkordes, nun zu Moll verdunkelt: und damit abgestimmt auf unstillbares Heimweh und Abschied.

*

Es kann nicht ausbleiben, daß einer, dem aus seiner Beziehung zu den Dingen die Beseelung selbst des Leblosen zur Natur, ja fast zur Religion geworden, erst recht dem Tiere das Recht auf Anerkennung und Achtung seiner Seele zuspricht: und darüber oftmals mit seinem Jägertum in Widerstreit gerät.

Daraus erwachsen dann die Stimmungen der Totenwacht.

Totenwacht: – es hat nicht an Überheblichen und Kalten gefehlt, die – vielleicht auch weil überdrüssig eines mit Wort und Begriff heuchlerisch getriebenen Mißbrauchs – an den „ewigen Totenwachten“, „Parsifalstimmungen[118]“, „Krokodilstränen“ Ärgernis genommen haben. Man hätte eben

118 Trauerstimmung (Parsifal = musikdramatisches Werk von Richard Wagner)

den Hirsch oder Bock geschossen und hätte es, wenn man schon solch sentimentales Schlabberherz wäre, nicht zu tun brauchen – habe es aber dennoch liebend gerne getan, also ... Wozu dann die scheinheilige Zeremonie statt ehrlicher Sachlichkeit? ... Weiter im Text, der nächste Hirsch oder Bock ist für den Leser viel interessanter als die wehleidige Elegie um den erlegten ...

Darüber läßt sich reden und auch nicht reden: denn der tiefe Sinn und die ganze Meinung um die Totenwacht ist solchen erfrischenden Fanatikern der Nüchternheit nicht nur nicht aufgegangen, sondern überhaupt wohl völlig unzugänglich.

Doch was steht da von Fürsprechern und Nüchternheit? Sind diese angeblich Sachlichen und Nüchternen nicht vielmehr Propheten des fortgesetzten Rausches: Schuldbewußte, die von einer Ernüchterung weislich nichts hören wollen?

Denn die Totenwacht ist – wie manche Andacht – oft nichts anderes als eine große Ernüchterung.

Es gibt freilich zweierlei Totenwacht.

Der eine setzt sich für eine dicke Zigarre lang zum erlegten Wilde hin, ruht von seiner seelischen Strapaz, weidet sich, was ihm am wenigsten verdacht sei, an der Trophäe. Vergegenwärtigt sich genießerisch noch ein- und zwei-, dreimal den ganzen Hergang, und denkt im Übrigen an nichts.

Ein anderer tut scheinbar genau dasselbe, auch er würdigt Beute und Beutung – allein er schreckt nicht zurück vor der Erwägung, mit was er sich eigentlich den Genuß erkauft, von wem und mit was dieser Genuß für ihn bezahlt worden ... Seine Überlegungen wandern vom Besonderen weiter ins Allgemeine, er bedenkt den wahren Wert der sogenannten Trophäe, er setzt ihn ins Verhältnis zum Preis eines unschuldigen Lebens und unverschuldeten Todesschmerzes, er erkennt sich als sündigen Narren einer Einbildung, eines aus einstiger Not zur Lust ausgewachsenen Wahnes, aber auch

als Diener einer bitteren, aus ewigem Ablaufsgesetz und Menschenfluch hervorgehenden Notwendigkeit: und all das löst sich schließlich auf in ein ratloses weltreuiges Weh – oder klärt sich zum stillen Kristall …

Das ist die echte Totenwacht.

Ich habe seit Jahren jedem erlegten Stück Wild, wo immer es anging, solche Andacht gehalten, auch bescheidenem ruhmlosen Alltagsgetier, das uns außer der Nahr- und Fellnutzung mit nichts anderem als einer unkörperlichen Erinnerung seines Lebens und Todes beschenkt; und bin schon darum zum Einsamen, zum Alleingeher, Freund ausschließlich der Birsch, des Ansitzes, der Suche, abhold der Treibjagd und ihrem unumgänglichen Kollektivismus geworden.

Denn im lärmenden Schwarm kann man nicht beten und denken; kommt man nicht „zu sich".

Wer aber als Jäger sich nicht zum Gebet und zum Gedanken erhebt, nicht „zu sich kommt", der mag wohl unter Gleichgesinnten und selbst für Andersgestimmte der Glücklichere scheinen, und mag auch mit äußerlicher Wahrung der Gesetze in der Tat ein nützlicher und ehrenwerter Gerechter sein: – allein der Trunk aus dem gesunden Bitterquell der Erkenntnis bleibt ihm versagt, und den ungeheuren geheimen Tiefgehalt der Jagd an Symbol, Gleichnis, Tragik, Warnung und Lehre wird er niemals ausschöpfen. – –

Da war damals der Hirsch, ein alter hochjagdbarer Achter nur, mit guten haselbraunen, dichtbekörnten Stangen, langen Augsprossen und irgendwie freudlosen Spitzengabeln – aber das gehört nicht hierher oder doch? … Am Morgen eines vierten Oktober war das gewesen, nach einer kalten klaren Nacht, da die nächsten Platzhirsche, ihrer vier oder fünf, im dünnen Bodennebel schrien, daß man meinte, nicht nur die Fensterscheiben sondern all das kostbare Porzellan der hohen chinesischen Vasen, die Schaupokale auf dem Silbertisch, das Abschirmblech der Luftheizung in den Kaminen des schönen Barockschlößchens anvibriert erklirren, die eigene Brust leis widerdröhnen zu hören. Es kam dann, entgegen den merkwürdigen Schwierigkeiten gerade jenes bequem scheinenden Revieres, ganz leicht und einfach. Ein angegangener und schußnah gesichteter Hirsch, verführerischer Zwölfer, erwies sich trotz mächtiger Stimme als nicht recht jagdbar; der Versuch mit dem nächstmeldenden Geweihten führte bei steigendem Morgen im hohen Holze mit dem Rudel zusammen. Der alte Achter, unmöglich zu fehlen, erhielt auf kaum vierzig Schritte das schwere Geschoß, tat sich nach wenigen mitgerissenen Fluchten ab und verschwand dem Auge in hereinschrägender Sonnblendung. Beim sicheren Sitz der Kugel wurde nicht lange gezögert, die Schweißfährte, überreichlich auf Spreu und Farn, von weitem schon erblickt. Und dort stand ja der Todwunde, stand wie der Hirsch des Heiligen in einer Glorie weihrauchdampfiges Lichtes, doch nicht mahnend aufgereckten sondern gesenkten Hauptes, und starb: dies Sterben durch den Strahlenschein verklärt und wie ein Altarbild, eine Vision herausgehoben aus dem dämmerdunstigen Hintergrund. Wenige Herzschläge später sank er zusammen, schlug ein paarmal mit den Läufen, wendete und dehnte den gemähnten Hals, streckte sich im Ausstarren, verzitterte, verschauderte und verlosch.

Ein Hergang, wie er gewöhnlicher nicht zu denken; so oder ähnlich endeten die meisten Hirsche. Dennoch war ich im Tiefsten ergriffen und getroffen, war alles mir näher als irgendeine feile und geile Erlegerfreude. Nicht jedesmal überkommt es einen so; manchmal hat der ahnungslose Barbar, manchmal die raffinierte Genußbestie, manchmal hat der eitle Narr im Menschen die lautere Stimme; nicht jedesmal ist die Seele entblößt für eine Überwältigung. Was war es an diesem Morgen? Der Zufall einer Lichtwirkung? Oder, daß sich mir ein Sterben von meiner Hand so erschütternd eindringlich gezeigt? Wie oft schon hatte ich ein Wild im Schmerze, im Todeskampfe gesehen, nie unbewegt, nie ohne aufsteigende Bitternis und das Gefühl einer kalten Überschattung; aber, daß sich darum der ganze Abgrund vor mir auftat, das geschah unter besonderem Stand der Schicksalssterne ... Ich setzte mich hin; nicht an den Hirsch: nein, an den – – Abgrund.

Abgrund, in dessen Schacht und Nacht hinab man durch einen Riß in der Oberfläche der verhärtenden Gewohnheit, durch die Verglasung eines gebrochenen Auges starrt. Bis auf den Spiegel des Urborns.

Da steigen dann wie Schauer die Fragen herauf.

Wer gab dir das Recht?

Warum mußtest du töten?

Littest du Hunger?

Hattest du dich zu erwehren?

Bist du hier der Schwächere, der Verfolgte?

Flieht nicht jedes Wildgetier deiner Heimat vor des Menschen Geruch und Gestalt?

Was hast du davon?

Das Gebild der Natur, desgleichen du in eitlem Wetteifer bedeutend sammelst, um damit zu prahlen: soll für dieses ein gesundes glückliches Leben, Schreck und Schmerz der Todeswunde der Preis sein?

Was unterscheidet diese deine Tat von jener, die ihr Raub- und Meuchelmord nennt?

Du, der du lebst und heil im Lichte wandelst, was weißt du vom Weh, wie du es diesem deinem Mitgeschöpf grundlos, nur aus wildem Trieb, aus Wahn und Sucht angetan?

Hast du bedacht, wie glücklich es sich noch einen Atemzug vor deinem Anschlag in der unschuldigen Erfüllung seines Daseins gefühlt?

Was würdest du sagen, wenn ein noch Stärkerer über dich käme und brächte dich mit seinen überlegenen Mitteln gerade zur Zeit deiner Liebesbetörtheit ums Leben, nur weil er nach deiner Kopfhaut begehrt?

Seid ihr zu sogenannten Menschen geworden, um böser und grausamer zu sein als jedes Tier?

Genügt es euch nicht, wenn ihr euren Erfindungsgeist mordend und brennend widereinander aufbietet, müssen auch noch jene unter eurem Fluche leiden, die als gehorsame Kinder Gottes nicht aus dem Paradiese verstoßen worden sind?

Weißt du von der Rechnung des Tieres gegen den Menschen?

Ahnt dir die Abrechnung?

Wie wird es euch ergehen, wenn einst der Fluch des Menschentums sich bis zum Letzten an euch erfüllt?

Quid estis miseri tunc dicturi[119]?

Der Sickerbrunnen der Todeswunde war versiegt, die Sonnenschräge vom Verendeten weg zurückgerückt. Dunkler lag er jetzt in seinem Bette von Heidelstrauch und Streu, Blink vom Elfenbeinschliff der schwüngigen Geweihsprosse nur leuchtete seiner letzten Ruhe. Zartgoldenes Birkenlaub fiel, die Meise sang; der brandrote Eichkater hüpfte heran, mandelte erschrocken mit schlagender Lunte, schnalzte den nächsten Stamm hinan; graue Rehe zogen vorbei, äugten und windeten scheu, tummelten eilig nach dem Felde hinaus … Der große Tod war im Wald – –

Auch das sind Stimmungen; Nachtstimmungen, herb und düster wie alle Erkenntnis nach leichtsinnigen Festen und Freveln der Freude; schwermütig im Ton eines Requiem[120] ausklingender Variationssatz über das Urgrundthema des Lebens. Hohl, steif und kalt steht man auf; und vergißt den Bruch.

Und nicht nur vor der Majestät des gefällten Hirsches, über manchem Bock und über niederem Wilde ist es mir so ergangen.

Da war damals eines Augustmittags jener alte rücksätzige Sechser, an dem ich den entscheidenden Abstoß von der Brunftjagd wie eine paulinische Bekehrung[121] erleben sollte. Neben seiner Gais nach mir aufsichernd, erhielt der im

119 Angelehnt an das „Dies irae“ aus dem Requiem (Quid sum miser tunc dicturus: „Weh’ was werd’ ich Armer sagen?“)

120 Totenmesse

121 Anspielung auf die Bekehrung des Apostels Paulus

Schutze einer breitstämmigen Feldeiche angebirschte Bock über mäßige Entfernung die Kugel scharf unterm Trägeransatz auf den Stich; er brach im Strahl zusammen, nahm sich nach kurzem Schlegeln wieder hoch, und – begann ungesäumt die Ricke zu treiben, in Kreisen, in Achtern, in Schleifen, quer durch die Garbenpuppen übers Feld, und bei jedem Sprunge schoß ihm, deutlich zu beobachten, ein dicker Bogenstrahl Schweißes mitten vor die Läufe ... Wohl sank der Weißgeblutete dann am Waldrande, etwa zweihundertfünfzig Schritte weiter, plötzlich wie ein abgebranntes Licht zusammen: – doch wie hatten sich Leben und Lust vor meinen Augen gegen den Tod gewehrt, wie schön und unsäglich beschämend! ...

Oder jener damals für die gebieterisch heischende Auftraggeberin, die Küche, ausgewählte Gabler mit den scharf geperlten und vielversprechend rosengesockelten aber häßlich rückgebogenen Ziegenstangen: im Abschnellen war er mir bergan aus dem gestochenen Schuß gesprungen, hatte nur mit irgendwie schiefem Umschlagen gezeichnet, entschwand hinter einer Zeile von Busch und Baum – Wildbretschweiß, anderntags eine Fehlhatz, ich meinte dem Bocke mit Recht rasche Genesung wünschen zu können. Und mußte eine Woche darauf vernehmen, daß er zwei Hügel und Gräben weiter von einem ganz gewöhnlichen Hofköter aufgestöbert, gestellt und verbellt worden sei; nach Verständigung und sofortigem Aufbruch drei Stunden später zur Stelle, fand ich ihn mit schräg und tief durchschossener, knochenheiler aber brandiger, madenwimmelnder Keule gerade im Verenden. Im Frühling oder Herbst hätte sich die Verletzung, dem Lecker gut zugänglich, sicherlich ohne weitere Benachteiligung glatt ausgeheilt; in der Brunft ließ sich der fleischwunde Bock dazu keine Ruhe, er kühlte dann vielleicht einmal das brennende Glied irgendwo in fauligem Wasser, und die Verseuchung führte erst nach furchtbaren Qualen zum Ende. Man kann einen solchen Fall gewiß auch mit befreiendem Kraftwort erledigen; dennoch bleibt auf des Jägers Herzen eine beengende Last, viele Tage lang sitzt er seine Strafstunden auf inwendiger Totenwacht ab, und der übertragene Giftstoff benimmt ihm fürs erste jeglichen Lusttrieb. Wer heißt uns zu des Wildes unruhigster, der Verjauchung günstigster Schwülzeit einen Schuß nur des Menschen Giergaum und Schlingschlund zuliebe tun? … Woher das Recht, mit unserem Leichtsinn und Ungeschick einem Mitgeschöpf, edel, schön, sündenlos, gottnäher als wir, solche Pein zu verursachen? … Einmal nur des Jahres kommt über das hochfreie Getier der heiße Reizrausch seines Mysteriums; und da fahren wir Menschen, denen der Genuß entartend zum Selbstzweck geworden, mit Leid und Tod dazwischen? …

Da war einmal eines verklärten schmeichelwarmen Herbstabends das Kitz. Ein Kitz, so lieb und fein, so glatt und munter wie irgendeines; hatte nichts anderes verschuldet, als daß es ein Gaislein und im Wachstum ein weniges hinterm Durchschnitt Gleichaltriger zurückgeblieben; ja und daß es nach menschlicher Berechnung überzählig sein sollte, und als Überzähliges dennoch gern lebte und sich auf dem Stoppelklee und an den Burgunderrüben mit den anderen zusammen gütlich tat. Da lag es nun, wie die menschliche Berechnung es vorschrieb, aus seinem guten reinen Kinderherzen vergurgelte blasig in schluchzenden Pulsstößen der rote Quell, der schmale Äser öffnete sich noch einmal in letzter, schon nicht mehr empfundener ringender Sticknot der Natur und verklammte dann langsam zur Starre … Und war eine goldene Allerheiligenvesper so voll später Süße und Seligkeit, das Laubholz noch im bunten Loderbrand seiner Verjüngung, in den hohen Fichten ein leiser tiefzärtlicher Wiegebraus; Altsommers Glitzergespinst trieb im Wunschwind über verheißungsgrüne Saat, die Krähen schwenkten und stießen wie zur Frühlingsbalz, Glorie und Gnade schimmerte über der ganzen Landschaft und Welt. Das Kitz aber war tot, gestorben durch den Menschen, am Menschen, für den Menschen; eine kleine sanfte Melodie mitten in der holdesten Schwebung ihrer Kantilene jählings abgebrochen und zum Verstummen gebracht; der Platz am Waldrand, wo der Jäger seine schwermütige Andacht überm erkaltenden Opfer verrichtete, eine verrufene Stelle inmitten all des Abschiedsfriedens voll Segnung und Weihe … Nicht das erste Jungstück, das um diese Jahreszeit von meinem Schusse gefallen; doch einmal kommt das Zusammenwirken von Stimmung und Überlegung, Erlebnis der Sinne und des Gewissens, davon das Maß plötzlich mit Macht in die Augen überläuft. Wenn noch wenigstens ein Funke herbstheißer Leidenschaft das Pulver entzündet hätte; wenn es gewesen wäre wie vor Jahrzehnten, fast einem Halbjahrhundert, da man bei den Treibjagden in den Außenbezirken des ungeheuren Reviers vom vorkommenden – hier nie bebirschten – Rehwild in aller Einfalt turnusweise seinen Schnitt nahm und die Empfindsamkeit in der Spannung, im gedrängten Erlebnis, im jauchzenden Geläut der Bracken, im Braus des jungen Blutes unterging. Aber nun war man alt und still, einsam und lärmscheu geworden: und mußte dafür morden mit kühlem Vorbedacht, methodisch, nach Rubrik, Kolonne, Zeichen, Zahl und Ziffer, ohne Ausrede auf Trieb, Temperament, Taumel …

Was war das Schlimmere? Blieb noch der faule Trost, daß man mit dieser seiner Überwindung ein schwächeres Stück huldvoll vor den Nöten des Winters bewahrt, daß es mitten im sorglosen Lebensgenuß eines schnellen Todes gestorben, daß man am Wildstande insgemein und an den gesamten Belangen der Jagd eine mannhafte Liebesdienstpflicht erfüllt habe … Gut zu denken und glatt zu sagen; allein das Bild haftet: solch begnadeter Feierabend der Natur, unter Gottes aufgetanem Allerheiligenhimmel das Kitz, das liebliche schlanke Kind, geronnenen Blasenschweiß um den samtsanften Windfang, hohl einschattend das flimmergrünliche Licht – das Kitz mit seinem Würger. Im Hause zieht man den Findling gerührt mit Milch und Wecken auf und gewährt ihm jede Liebe; in seiner freien Heimat ist das

Stück überzählig und muß sterben, auf daß es sich nicht vermehre und dem falschen Menschen das Brot vom nimmersatten Massenmaule fresse …

Sonnenrüste hinter goldglutrandigem Südwestgewölk, Glockenklang aus der Tiefe, Wagen und Wanderungen zur Litanei und Gräberfeier. Manchmal wünschte man, nach einer Anrufung Gottes, aller Märtyrer, Bekenner und Nothelfer den Jäger in sich auf immer begraben zu können …

Jäger spielen zu wollen, ist leicht; wirklicher Jäger zu werden ist schwieriger; gerechter Jäger zu sein ist schwer; zwischen all dem Widerspruch und Widerstreit Jäger zu bleiben aber mitunter das Schwerste von Allem. –

Glossar

Aegidi: hl. Aegidius, 1. September
Agram: Zagreb
Agrikel: Bauern
annoch: jetzt, heute noch
Bartholomäi: hl. Bartholomäus, 24. August
benaut: kleinlaut, ängstlich
Besthaupt: Rekordtrophäe
Brünne: Harnisch
Deputat: Sachleistung zusätzlich zum Lohn
Druden: Wesen, die Albträume bewirken (Volksglauben)
druidenfinster: gespenstisch
Eidam: Schwiegersohn
Eppich: Efeu
etwelche: einige, etliche
Famulus: Lehrbub
Faktotum: Helfer für verschiedenste Aufgaben, „Mädchen für alles"
Fiduz: Vertrauen, Zutrauen
Gauch: Kuckuck
gählings: jäh
Geltgais: unfruchtbare Geiß
Genien: Schutzgeister
Gräving und Grimbart: Bezeichnungen für den Dachs in Fabeln
Hackelberndt: Poltergeist
Hainbuchenmuseln: Kleinholz zum Anfeuern
Haslicht: Haselnussgebüsch
Heister: junger Buchenstamm
Immen: Bienen
Indian: Truthahn
jach: jäh
Johanni: hl. Johann, 24. Juni
Kantilene: Melodie, Gesang
kantoniert: eingeteilt
Kerfe: wanzenartiges Insekt
Kestenbäume: Kastanienbäume
Klapotetz: klapperndes Windrad zum Vertreiben der Vögel in Weinbergen
klieben: hacken
krailen: kraxeln
Latakia: Orienttabak
Laurenzi: hl. Laurentius, 10. August
Leutäcker: Äcker der Kleinbauern

Kleinfrauentag: Mariä Geburt, 8. September
Mariä Lichtmess: katholischer Gedenktag, früher Zahltag für Dienstboten, 2. Februar
maulhaben: beherrschen
Micheli: hl. Michael, 29. September
Nebelmond: November
Neck: Wassergeist
Öhmd: Weide
Pajduch: Name des Revierjägers
Parze: Schicksalsgöttin
Peter-Pauli: hl. Petrus und hl. Paulus (Apostel), 29. Juni
Plättkohle: Kohle zum Erwärmen von Bügeleisen
psalmodierend: lobsingend
Remise: Feldscheune
Reißen: Steilhang
Rießenbau: Erdrutschverbauung
Rotspohn: Rotwein
Runsen: Geländeeinschnitte
Saatkamp: forstlicher Pflanzgarten
Sachsengänger: Lohnarbeiter
Samiel: Teufel
Schmalzmann: scherzhaft für Dachs
Schnerfer: Rucksack
Schragen: Kommode
schwarze Schwaben: Schaben
sintemalen: weil, zumal
Starost: Verwalter
Stegreif, aus dem: unvorbereitet
Stocklohden: Windwurf
triangulieren: von drei Seiten betrachten
teufen: bohren
Theresien: hl. Theresia, 3. bzw. 15. Oktober
Uskoken: Gebirge in Krain
Urian: scherzhafte Bezeichnung für einen alten, starken, heimlichen Keiler, seltener auch Bock (Dt. Jagdlexikon)
verquanten: vervielfältigen
Versehgang: seelsorgerischer Besuch bei einem Sterbenden
vierzig Märtyrer: 9. März
Vigil: Nachtwache
Weinscharl: Berberitze
Zeiland: Seidelbast